Ujjwal Laha
Jhasketan Bhoi

Rozpraszanie hadronronów

Ujjwal Laha
Jhasketan Bhoi

Rozpraszanie hadronronów

w ramach wspólnego modelu interakcji

Wydawnictwo Bezkresy Wiedzy

Imprint
Any brand names and product names mentioned in this book are subject to trademark, brand or patent protection and are trademarks or registered trademarks of their respective holders. The use of brand names, product names, common names, trade names, product descriptions etc. even without a particular marking in this work is in no way to be construed to mean that such names may be regarded as unrestricted in respect of trademark and brand protection legislation and could thus be used by anyone.

Cover image: www.ingimage.com

This book is a translation from the original published under ISBN 978-620-2-30643-0.

Publisher:
Wydawnictwo Bezkresy Wiedzy
is a trademark of
Dodo Books Indian Ocean Ltd., member of the OmniScriptum S.R.L Publishing group
str. A.Russo 15, of. 61, Chisinau-2068, Republic of Moldova Europe
Printed at: see last page
ISBN: 978-620-2-44760-7

Ujjjwal Laha i Jhasketan Bhoi

Hadron-hadron rozpraszający się w ramach oddzielnego modelu oddziaływań

Do

Nasi rodzice

Przedmowa

Nasze rozumienie procesów fizycznych w sferze mikroskopijnej opiera się głównie na kwantowej teorii rozpraszania. Wiele z najważniejszych odkryć zostało dokonanych poprzez eksperymenty zderzeniowe - od odkrycia Rutherforda do rozszczepienia jądra atomowego. Książka ta nie ma być encyklopedią rozpraszania przez Coulomba ani ekranizowanych Coulombowskich potencjałów jako relatywistycznego rozpraszania i wiele innych szczegółowych zastosowań tej teorii do znanych eksperymentalnych faktów nie zostało omówionych. Książka ta dotyczy w szczególności rozpraszania przez elektromagnetyczne (Coulomb/screened Coulomb) i elektromagnetyczne plus rozdzielne oddziaływania nielokalne w ramach nierelatywistycznej mechaniki kwantowej. Po każdym rozdziale następują ważne i istotne uwagi bibliograficzne. Ale muszę przeprosić za pominięcie ważnych odniesień związanych z tą dziedziną.

Przygotowanie, które przewidujemy dla czytelnika tej książki, będzie pasowało przede wszystkim do pracowników naukowych fizyki i fizyki matematycznej oraz do pewnego stopnia do studentów drugiego roku studiów magisterskich fizyki i matematyki. Czytelnicy powinni posiadać wiedzę na temat nierelatywistycznej kwantowej teorii rozpraszania, zwykłych równań różniczkowych i całkowych oraz niektórych specjalnych funkcji fizyki matematycznej.

Chcielibyśmy wyrazić nasze podziękowania wszystkim naszym kolegom i studentom wydziałów fizycznych Narodowego Instytutu Technologii Jamshedpur i Veer Surendra Sai University of Technology, Sambalpur, Indie, za ekscytującą współpracę i bardzo cenioną przyjaźń. Jesteśmy również wdzięczni członkom naszej rodziny za ich nieustanne wsparcie moralne podczas wykonywania tej pracy. Jesteśmy wdzięczni wielu osobom, wśród których należy wymienić zwłaszcza profesora B. Talukdara za jego cenne sugestie i rygorystyczne dyskusje na te tematy.

Jamshedpur 2018 U. Laha

Sambalpur 2018 J. Bhoi

Spis treTci

Rozdział 1 15
W. Gordon, Ann. Phys. (Leipzig) 2, 1031 (1929). 28
[47] G. Malli i J. Oreg, Chem. Fizycznie. Lett. 69, 313 (1980) 29
[48] J. Lindhard i P. G. Hansen, Phys Rev. Lett. 57, 965 (1986). 29
I. S. Bitensky, V. K. Ferleger i I. A. Wojciechowski, Nucl. 29
Instrumenty. Metody fizyczne. Res. Sekta. B 125, 201 (1997). 29
C. S. Jia, J. Y. Wang, S. He i L. T. Sun, J. Phys. A: Matematyka 29
Gen. 33, 6993 (2000). 29
[51] P. Pyykko i J. Jokisaari, Chem. Phys. 10, 293 (1975). 29
J. A. Olson i D. A. Micha, J. Chem. Phys. 68, 4352 (1978). 29
[53] D. Durand i L. Durand, Phys. Rev. D 23, 1092 (1981). 29
[54] R. L. Hall, Phys. Rev. A. 32, 14 (1985). 29
U. Laha, C. Bhattacharyya, K. Roy i B. Talukdar, Phys. Rev. 30
C 38, 558 (1988). 30
[56] J. Bhoi i U. Laha, J Phys. G: Nucl. Phys. 40, 045107 (2013) 30
[57] U. Laha i J. Bhoi, Pramana J. Phys. 84, 555 (2015) 30
[58] J. Bhoi i U. Laha, Braz. J. Phys. 46, 129 (2016). 30
[59] U. Laha i J. Bhoi, Phys. Rev. C 91, 034614 (2015). 30
[60] J. Bhoi i U. Laha, Phys. At. Nucl. 79, 62 (2016). 30
[61] J. Bhoi i U. Laha, Theor. Matematyka. Phys. 190, 69 (2017). 30
[83] J.C.Y. Chen i A.C. Chen, w Advances in Atomic i 32
Fizyka molekularna 8, 71(1972). 32
[84] S. Okubo i D. Feldman, Phys Rev. 117, 292 (1960). 32
R. A. Mapleton, J. Math. Phys. 2, 482 (1961) 32
[86] C. S. Shastry i A. K. Rajagopal, Phys. Rev. A 2, 781 (1970). 32
[87] J. Nuttall i R. W. Stagat, Phys. Rev. A 3, 1355 (1971) 32
Rozdział 2 33
[3] M. G. Fuda i J.S. Whiting, Phys. Rev. C 8, 1255 (1973). 39
[6] K. L. Kowalski, Nucl. Phys. A 190, 645 (1972). 39
L. D. Landau i E. M. Lifshitz, *Quamtum Mechanics: Inne niż* 39
Teoria relatywistyczna (Addison Wesley, 1965). 40

H. van Haeringen, J. Math. Phys. 20, 1109 (1979). 40
Rozdział 3 41
Rozdział 4 67
[20] J. C. Y. Chen i A. C. Chen, In Advances in Atomic i 84
Fizyka molekularna 8, 71 (1972). 84
Rozdział 5 85
[32] J. C. Y. Chen i A. C. Chen, In *Advances in Atomic i* 109
Physics Molecular Physics 8,pp-71, (Academic, New York, 1972). 109
[33] B. A. Lippmann i J. Schwinger, Phys. Rev. 79, 469 (1950). 109
Rozdział 6 110
L. Canton i L. G. Levchuk, Nucl. Phys. A808, 192 (2008). 127
[29] B. Talukdar, S. Saha i T. Sasakawa, J. Math.Phys. **24**, 683 127
(1983). 127
[30] B. Talukdar, U. Laha i T. Sasakawa, J. Math. Phys. **27**, 2080 127
(1986). 127
[31] C. S. Shastry i A. K. Rajagopal, Phys. Rev. A 2, 781 (1970). 127
Rozdział 7 129
[11] W. Gordon, Ann. Phys. (Leipzig) 2, 1031 (1929). 160
[12] J. R. Taylor, *Scattering Theory* (Wiley, Nowy Jork, 1972). 160
[17] G. Malli i J. Oreg, Chem. Fizycznie. Lett. 69, 313 (1980). 160
[18] J. Lindhard i P. G. Hansen, Phys Rev. Lett. 57, 965 (1986). 160
I. S. Bitensky, V. K. Ferleger i I. A. Wojciechowski, Nucl. 160
Instrum. Methods Phys. Res. Sekta. B 125, 201 (1997). 160
C. S. Jia, J. Y. Wang, S. He i L. T. Sun, J. Phys. A: Matematyka 160
Gen. 33, 6993 (2000). 160
[21] P. Pyykko i J. Jokisaari, Chem. Phys. 10, 293 (1975). 160
J. A. Olson i D. A. Micha, J. Chem. Phys. 68, 4352 (1978). 161
[23] D. Durand i L. Durand, Phys. Rev. D 23, 1092 (1981). 161
[24] R. L. Hall, Phys. Rev. A. 32, 14 (1985). 161
U. Laha, C. Bhattacharyya, K. Roy i B. Talukdar, Phys. Rev. 161
C 38, 558 (1988). 161
[26] J. Bhoi i U, Laha, J Phys. G: Nucl. Phys. 40, 045107 (2013). 161
[27] U. Laha i J. Bhoi, Pramana J. Phys. 84, 555 (2015). 161
[28] J. Bhoi i U. Laha, Braz. J. Phys. 46, 129 (2016). 161

[29] U. Laha i J. Bhoi, Phys. Rev. C 91, 034614 (2015). 161
[30] J. Bhoi i U. Laha, Phys. At. Nucl. 79, 62 (2016). 161
[31] J. Bhoi i U. Laha, Theor. Matematyka. Phys. 190, 69 (2017). 161
[32] Y. P. Varshni, Phys. Rev. A 41, 4682 (1990). 161
[33] B. Gonül, O. Özer, Y. Cancelik i M. Kocak, Phys. Lett. A 161
275, 238 (2000). 161
[34] A. Z. Tang i F. T. Chen, Phys. Rev. A 35, 911 (1987) 162
C. S. Jia, J. Y. Liu i P. Q. Wang, Phys. Lett. A 372, 4779 162
(2008). 162
[36] W. C. Qiang, W. L. Chen, K. Li i H. P. Zhang, Int. J. Mod. 162
Phys. A 24, 5523 (2009). 162
[37] L. G. Arnold i A. D. MacKellar, Phys. Rev. C 3, 1095 162
(1971). 162
U. Laha i J. Bhoi, Theor. Matematyka. Phys. 190, 69 (2017) 162
O. P. Bahethi i M. G. Fuda, J. Math. Phys. 12, 2076 162
(1971). 162
[50]U. Laha, S. Ray, S. Panda i J. Bhoi, Theor. Matematyka. Phys. 193, ... 163
1498 (2017). 163
[81] W. G. Fang, C. W. Li, W. H. Ying i L. Y. Yuan, Chińczycy 165
Phys. B 18, 3663(2009). 165
[82] J. Bhoi i U. Laha, Pramana J z Phys., 88: 42 (2017). 165
[83] H. J. Korsch i R. Möhlenkamp, J. Phys. B: Atom. Molec 165
Phys. 17, 3451 (1977) 165
L. H. Beard i D. A. Micha, Chem. Fizycznie. Lett. 53, 329 166
(1973). 166

Hadron-hadron rozpraszajPcy siPw ramach oddzielnego modelu oddziaPywaP

U. Laha

Department of Physics, National Institute of Technology, Jamshedpur-831014, Indie

J. Bhoi

Veer Surendra Sai University of Technology, Burla, Sambalpur-768018, Indie

Rozdział 1

Wprowadzenie

Dobrze wiadomo, że atom składa się z jądra otoczonego elektronami. Średnica atomu jest rzędu $10^{-8}\,cm$, a średnica jądra w przybliżeniu $10^{-12}\,cm$. Ich wymiary są o wiele za małe do bezpośredniej obserwacji wizualnej nawet przy pomocy najmocniejszego mikroskopu. Można jednak nadal badać jądro atomowe metodami pośrednimi. Polegają one na przeprowadzaniu pewnych eksperymentów, z których otrzymujemy dane mające wpływ na to, co dzieje się wewnątrz jądra. Podstawowym celem badań z zakresu fizyki jądrowej jest, przy pomocy takich danych pośrednich, zrozumienie, w jaki sposób zbudowane jest jądro, a w szczególności realizacja prawa lub praw rządzących siłami trzymającymi razem jądro. Teoria mechaniki falowej opracowana przez Schrödingera i Heisenberga została zastosowana z pewnym powodzeniem w celu znalezienia spójnego opisu siły atomowej działającej pomiędzy dwoma lub więcej ciałami w zakresie względnej separacji, orientacji spinowej itd. Oczywiście, najprostszym systemem do analizy jest system dwóch nukleonów. Istnieją dwa różne rodzaje danych doświadczalnych dla systemu dwóch nukleonów. Jeden zestaw składa się z wyników badań istniejącego systemu dwóch ciał jądrowych związanych, deuteronu. Inny rodzaj danych doświadczalnych o układzie dwóch nukleonów wynika z badań nad rozpraszaniem jednego nukleonu przez drugi. W eksperymentach z rozpraszaniem wiązka nukleonów trafia w cel nukleonów i mierzone są prawdopodobieństwa zderzenia, rozkład kątowy itp. Ponieważ wykonanie celu neutronowego nie jest praktyczne, doświadczenia ograniczają się do tzw. rozpraszania neutronowo-protonowego i protonowo-protonowego.

Istnieją sytuacje doświadczalne, takie jak rozpraszanie proton-proton, (p-2p) reakcje, itp. które polegają na rozpraszaniu przez oddziaływania addytywne [1], z których część musi z różnych powodów fizycznych być dokładnie traktowana, podczas gdy inne mogą być stosunkowo małe perturbacje. Typowym przykładem tego typu jest rozpraszanie cząsteczek pod połączonym wpływem Coulomba i sił jądrowych. Krótki zasięg lokalnego potencjału nałożonego na potencjał Coulomba jest często traktowany przez formułę dwupotencjałową Gell-Manna i Goldbergera [2]. W tym podejściu oblicza się wartość wielkości fizycznych, takich jak przesunięcia fazowe rozpraszania, macierze przejściowe itp. przy użyciu rozsądnych metod aproksymacji. Niniejszy tekst odnosi się do badań nad rozpraszaniem jądrowym zakłóconym przez Coulomba i Coulomba poprzez zastąpienie lokalnego potencjału krótkiego zasięgu przez skończoną, rozdzielną interakcję nielokalną. Takie podejście nie powoduje jednak utraty uogólnienia, ponieważ z jednej strony krótkotrwałe potencjały lokalne mogą być reprezentowane przez skończone potencjały rozdzielne w matematycznie dobrze zdefiniowanym sensie [3], a z drugiej strony realistyczna rozdzielna reprezentacja części jądrowej oddziaływania proton-proton w różnych stanach pędu została zaproponowana przez Grupę Graz [4-6]. Ta reprezentacja daje dokładne dopasowanie do wszystkich danych doświadczalnych obecnie akceptowanych do elastycznego rozpraszania proton-proton. Ze względu na znaczenie eksperymentów, w których wykorzystywane są naładowane hadrony, zwiększa się zainteresowanie badaniem potencjałów składających się z sumy potencjału rozdzielczego o krótkim zasięgu i potencjału Coulomba.

Układy proton-proton i neutron-proton były szeroko badane z dużą liczbą wiarygodnych danych doświadczalnych [7-13]. Są one raczej dokładne dla układu proton-proton, natomiast zawierają niewielkie wątpliwości dla układu neutron-proton [14]. Zakładając symetrię ładunkową, która może być nieznacznie naruszona [15], można również wydobyć informacje dotyczące układu neutronowo-neutronowego z obserwowanych obiektów protonowo-protonowych przy odpowiednim potraktowaniu oddziaływania elektromagnetycznego [16,17]. W rezultacie wszystkie realistyczne modele interakcji nukleon-nukleon wykazują podobne właściwości na skorupie, mimo że często wynikają z różnych podejść do dynamiki nukleon-jądro [18-20]. Ale sytuacja nie jest tak oczywista, jeśli chodzi o pozakomórkowe zachowanie interakcji nukleon-nukleon. Odpowiednie dowody są obserwowane w trzech lub więcej problemów z cząsteczkami, które dotyczą podsystemu nukleon-jądro. Zaobserwowano również nieracjonalną charakterystykę off-shellu w przypadku modeli z oddzielnym nukleonem. Wśród możliwych do wyodrębnienia potencjałów, model Graza [4-6] zapewnia rozsądny opis wszystkich danych nukleon-nukleonowych. Dlatego też jest bardzo interesujące skonstruowanie dokładnych wyrażeń analitycznych dla ilości pozakomórkowych związanych z Coulombiem i Coulombem plus Grazem, które stanowią podstawowe narzędzia do rozwiązywania bardziej wyrafinowanych trzech problemów ciała.

Powszechnie wiadomo, że w przypadku braku siły Coulomba równanie Schrödingera dla dwu ciał dla rozdzielnych potencjałów można rozwiązać w prostej formie analitycznej [21]. W związku z tym w obliczeniach materii jądrowej często stosowano nielokalne, rozdzielne oddziaływania dwu ciał [22,23]. Stosowano je również bardzo systematycznie z równaniami Faddeeva dla problemu trzech ciał [24]. Dlatego też ogromne znaczenie ma zbadanie problemu Coulomba-nuklearnego w ramach odrębnego modelu interakcji jądrowej, ze szczególnym naciskiem na efekty pozakomórkowe, który zapewni odpowiedni i wygodny punkt wyjścia dla rygorystycznych obliczeń w przypadku systemów z kilkoma ładunkami. Jeden z formalizmów [25-32] radzenia sobie z potencjałem Coulomba w układzie trójczłonowym został sformułowany przez Alt et al [29-32]. W tym przypadku operatorzy przejścia na dwa ciała są rozpatrywani w takiej formie, że efekt spowodowany przez część Coulomba jest izolowany, co prowadzi do dobrze zdefiniowanych amplitud rozpraszania dla dwóch naładowanych cząstek. Wielu autorów [33,34] traktuje system trójczłonowy, najpierw rozważając tylko oddziaływania jądrowe w celu dokładnego obliczenia amplitudy przejścia jądrowego, a następnie uwzględnia efekt Coulomba, dodając amplitudę przejścia Coulomba do amplitudy przejścia jądrowego otrzymanej w ten sposób. W tym przypadku efekt Coulomba będziemy traktowali rygorystycznie przy konstruowaniu wyrażeń analitycznych dla różnych wielkości poza powłoką dla interakcji Coulomba z jądrem w ramach modelu rozdzielnego.

Dla fali częściowej niesprzężonej i w środku układu masy element matrycy przejściowej $T(p,q,k^2)$ jest funkcją trzech zmiennych. Tutaj p,q są względne liczby fal lub momenty chwilowe i k^2, energia. Element T-matrycy jest określany jako znajdujący się na powłoce energetycznej lub na powłoce, gdy wszystkie trzy zmienne są równe. Z drugiej strony, gdy dwie z tych zmiennych są równe, to mówi się, że jest to połowa powłoki energetycznej lub półpowłoki, a gdy wszystkie trzy zmienne są nierówne, to element T-matrycy jest całkowicie poza powłoką. T-matryca ma ugruntowane znaczenie w fizyce jądrowej, ponieważ jest ściśle powiązana z eksperymentem. Elementy matrycy na skorupie są związane z rozproszonymi przesunięciami fazowymi. Elementy półpowłoki definiują prawdopodobieństwo przejścia na jednostkę czasu na zmianę w systemie ze stanu początkowego do wszystkich dostępnych stanów końcowych [35,36]. Obliczanie reakcji bezpośrednich, takich jak nieelastyczne rozpraszanie nukleonów przez jądra, wymaga zastosowania elementów T-matrycy pozakomórkowej. Właściwości układu trzech nukleonów określa się za pomocą dwupowłokowej macierzy pozapowłokowej T-matrycy, którą wykorzystuje się w roztworze równań Faddeeva [24]. W problemie trzech ciał matryca przejściowa jest bezpośrednim i przejrzystym łącznikiem pomiędzy danymi eksperymentalnymi dwóch nukleonów a trzema obserwowanymi nukleonami. T-matryca jest więc ściśle związana z eksperymentem.

W konwencjonalnej teorii potencjalnego rozpraszania można uzyskać fizyczną amplitudę rozpraszania poprzez przyjęcie granicy sprężystości T-matrycy poza powłoką. Nie dotyczy to już Coulomba i Coulomba plus potencjałów krótkiego zasięgu i wykazują one nieciągłość w płaszczu energetycznym z powodu dalekiego zasięgu (1/r zachowania) interakcji Coulomba. Trudności te obserwuje się zarówno w rozpraszaniu klasycznym jak i kwantowym. Funkcje fal rozpraszających dla rozpraszania cząstek naładowanych wykazują zasadniczo inne (logarytmiczne) zachowanie na dużych odległościach w porównaniu z funkcjami fal rozpraszających dla potencjałów bliskiego zasięgu. Prowadzi to do nieciągłości w zachowaniu się funkcji pół- i pozakulisowych dla Coulomba i Coulomba oraz interakcji krótkiego zasięgu przy płaszczu energetycznym. Charakterystyczna nieciągłość Coulomba wynika z faktu, że potencjał dalekiego zasięgu zniekształca nie tylko falę rozpraszającą, ale również falę płaszczyzny padania [37,38]. Jednak w takiej sytuacji można wydobyć informacje fizyczne poprzez wprowadzenie odpowiednich kulombijskich stanów asymptotycznych [39,40]. W związku z tym ogólnie oczekuje się, że z pozakomórkowej matrycy T można również wyodrębnić wszystkie istotne informacje fizyczne. Funkcja fali wychodzącej, która jest związana z T-matrycą off-shell, może być wyrażona bezpośrednio w postaci rozwiązania Jost off-shell $f_\ell(k,q,r)$ i funkcji Jost $f_\ell(k,q)$.

Ale w rzeczywistości potencjał Coulomba staje się w pewien sposób przesiewany z pewnej odległości. Ten efekt przesiewowego rozpraszania cząstek naładowanych powinien niezmiennie wpływać na teorię i interpretację danych. Wiele standardowych wyników w nierelatywistycznej teorii rozpraszania musi zostać zmodyfikowanych na teorię rozpraszania cząstek naładowanych, ponieważ cząstka nigdy nie zachowuje się jak cząstka wolna. Nawet stan asymptotyczny dla dobrze zachowanego potencjału nie jest dobry i w konsekwencji pojęcie przesunięcia fazowego jest źle zdefiniowane dla rozpraszania Coulomba. Dlatego też w wielu sytuacjach elektromagnetyczna część interakcji jest opisana przez stosunkowo krótki zasięg ekranowanego potencjału Coulomba. Ogólnie rzecz biorąc, przesiewany potencjał Coulomba ma formę $V^{\rho}(r)=x^{\rho}(r)2k\eta/r$ $x^{\rho}(r)$ z funkcją przesiewania ma tendencję do zera $r\rightarrow\infty$, ale zbliża się do zera, gdy $\rho\rightarrow\infty$. Kiedy $x^{\rho}(r)$ ma wystarczającą tendencję najpierw do zera, jak $r\rightarrow\infty$, $V^{\rho}(r)$ jest potencjał krótkiego zasięgu i może być rozpatrywany w ramach pracy ramowej zwykłej teorii rozpraszania. Jest to główna motywacja do rozważenia przesiewanego potencjału Coulomba. Pomysł wykorzystania pokazanego potencjału Coulomba jest dość stary [41,42]. Potencjał Hulthéna [43] jest słynnym przykładem wykładniczo przesiewanego potencjału Coulomba. To szczególny moment klasy Eckarta [44] potencjałów. Potencjał Hulthéna jest zazwyczaj wykorzystywany w kilku dziedzinach nauk fizycznych, takich jak fizyka atomowa, molekularna i plazmowa [45-50], fizyka chemiczna [51,52] i fizyka jądrowa [53-61]. Potencjał Hulthéna jest dokładnie rozwiązywalny tylko dla S-wave.

Zachowanie się nieregularnego rozwiązania $f_{\ell}(k,r)$ radialnego równania Schrödingera w pobliżu źródła określa funkcję Josta [62], $f_{\ell}(k)$ która odgrywa ważną rolę w badaniu właściwości analitycznych amplitudy częściowego rozproszenia fal. Dla danego pędu kątowego ℓ istnieją dwie reprezentacje integralne [63-65] dla $f_\ell(k)$. Fuda i Whiting [66] wprowadzili off-energy-shell uogólnienie funkcji Josta. Funkcja Josta poza skorupą $f_\ell(k,q)$ jest również określana na podstawie nieregularnego roztworu niejednorodnego równania Schrödingera w taki sam sposób, w jaki funkcja Josta w skorupie jest uzyskiwana z jego roztworu w skorupie. Funkcja $f_\ell(k,q)$ jest znormalizowana tak, że dla rozpraszania na potencjały bliskiego zasięgu, $f_\ell(k,q)$ staje się zwykłą funkcją Josta $f_\ell(k)$ na płaszczu energetycznym, tj. kiedy $q=k$. Dla potencjału Coulomba wykazuje jednak $f_\ell(k,q)$ nieciągłość [67,68] jako $q \to k$. Podobnie $f_\ell(k)$, funkcja ta $f_\ell(k,q)$ posiada również dwie integralne reprezentacje. Jeden z nich jest napisany w kategoriach $f_\ell(k,q,r)$, off-shell Jost rozwiązania. Druga z nich obejmuje roztwór wolnej cząstki poza skorupą i funkcję on-shell $\phi_\ell(k,r)$. Wyniki dla pozapuszkowych funkcji Josta dla ruchu w Coulombie i Coulombowskich interakcji zostały wcześniej opublikowane przez kilku autorów [68-76]. W niniejszym przeglądzie konstruujemy wyrażenia w formie zamkniętej dla rozwiązań off-shell Jost związanych z problemami Coulomba i Coulomba-jądrowymi i czynimy je podatnymi na obróbkę numeryczną. Odpowiednie funkcje Jost automatycznie wynikają z tych wyrażeń.

Również wykorzystując zależność istniejącą między funkcją T-matrycy pozakomórkowej a funkcją fali wychodzącej można uzyskać wyrażenie dla T-matrycy. Półpowłoka T-matryca może być również wyrażona bezpośrednio w kategoriach funkcji Josta $f_\ell(k,q)$. W związku z tym do obliczeń macierzy przejścia wymagana jest wiedza na temat funkcji Josta w trybie off-shell oraz rozwiązań Josta. Funkcje off-shell Jost mogą być również wyprowadzone bezpośrednio z wyrażenia rozwiązań off-shell Jost. W związku z tym w literaturze jest pewne znaczenie wyraźnych wyrażeń dla off-shellowych rozwiązań Josta odnoszących się do Coulomba, Coulomba ekranowego i Coulomba ekranowego/ Coulomba ekranowego oraz oddzielnych oddziaływań, które napotyka się w naładowanych hadronach rozpraszających [64,69]. W niedawnej przeszłości Laha i inni [65,69-73] konstruowali zamknięte wyrażenia analityczne dla rozwiązań s-wave off-shell Jost dla ruchu w Coulomb/Hulthén i Coulomb/ Hulthén plus potencjały rozdzielne. Tutaj zajmiemy się Coulombem/ Hulthénem i Coulombem/ Hulthénem plus Grazem [4-6, 74] potencjały rozdzielne i skonstruujemy dokładne wyrażenia analityczne dla off-shellowych rozwiązań Josta i matryc przejściowych oraz wyrażymy je w ich maksymalnie zredukowanej formie.

Powszechnie wiadomo, że funkcja Josta odgrywa kluczową rolę w częściowej analizie falowej teorii rozpraszania kwantowego. Rozdział 2 poświęcamy ponownemu wyprowadzeniu reprezentacji całkowych funkcji Josta (on i off-shell) z poszczególnych całek niejednorodnego równania Schrödingera poprzez wykorzystanie transponowanej zależności operatorskiej [75] w połączeniu z równaniami różnicowymi funkcji specjalnych fizyki matematycznej [76-81].

Zauważyliśmy już, że lokalny potencjał krótkiego zasięgu może być dobrze przybliżony przez skończoną, rozdzielną interakcję nielokalną w sensie matematycznie dobrze zdefiniowanym, która ma ogromne znaczenie w dynamicznych obliczeniach. Tak więc jednym z zadań przy opracowywaniu opisu procesów fizycznych, charakterystycznych dla nielokalnego potencjału, musi być analiza efektów pozapowłokowych wynikających z tego potencjału. W związku z tym w rozdziale 3 konstruujemy off-shellowe rozwiązanie Josta dla rozdzielnego potencjału Grazu [4-6] poprzez trzy różne podejścia do problemu.

Metody omówione w rozdziale 3 mogą być łatwo rozszerzone o interakcje typu Coulomb i Coulomb. W rozdziałach 4 i 5 zajmujemy się Coulombem i Coulombem plus Grazem potencjałów rozdzielnych i przedstawiamy wyniki dla rozwiązań off-shell Josta i innych powiązanych wielkości poprzez różne podejścia do problemu, takie jak metoda równań różniczkowych, metoda transformacji integralnej, integracja bezpośrednia i reprezentacja sturmiana [82,83] funkcji stanu związanego Coulomb Greena. Zgodnie z oczekiwaniami, nasze wyrażenia dla rozwiązań off-shell Jost wykazują charakterystyczną nieciągłość w powłoce energetycznej badanej przez Okubo i Feldmana [84], Mapleton [85], Ford [37,38], van Haeringen et.al [3], Talukdar et.al [64,74] i Laha et.al [69-73]. Wykazujemy to za pomocą obliczeń modelowych.

Jak już zostało powiedziane, że T-matryca ma wyraźny i przejrzysty związek z fizycznymi obserwacjami związanymi z procesami rozpraszania i reakcji, w rozdziale szóstym konstruujemy wyrażenia w formie zamkniętej dla off-shellowych T-matryc dla ruchu w Coulombie i Coulombie plus Grazu potencjały rozdzielne. Nasza derywacja opiera się na dwóch metodach: jedna z nich polega na tym, że wyrażenie ma wyraźną zależność od potencjału, a druga na tym, że nie ma wyraźnej zależności od potencjału. W punktach połówkowych i na skorupie, elementy T-matrycy są dokładnie zerowe dla wszystkich częściowych fal i pojawia się osobliwość [3,71,72,86,87] jako $p \rightarrow q \neq k$. Badamy również rolę oddziaływania Coulomba w rozpraszaniu proton-proton poza skorupą w kanale $^{1s}{}_0$ poprzez modelowe obliczenia.

Rozdział 7 dotyczy rozpraszania w skorupie i poza nią za pomocą przesiewanego potencjału jądrowego zmodyfikowanego w Coulombie. Idea wykorzystania ekranowanych interakcji elektromagnetycznych jest prawie tak stara jak sama teoria rozpraszania. Potencjał Hulthéna jest przesiewanym potencjałem Coulomba i był często używany w dynamicznych obliczeniach, prawdopodobnie dlatego, że jest wyraźnie rozpuszczalny. Ponieważ w sytuacji fizycznej potencjał Coulomba jest zawsze przesiewany na pewną odległość, potencjał Hulthéna jest interesujący zwłaszcza dla badania efektów przesiewowych. Na koniec, w uwagach końcowych staramy się podsumować spojrzenie na takie obliczenia jako dowód w naszych ograniczonych poszukiwaniach.

Referencje

[1] M. L. Goldberger i K. M. Watson, *Teoria zderzeń* (John Wiley and Sons, Nowy Jork, 1964).

[2] M. Gell-Mann i M. L. Goldberger, Phys. Rev. **91**, 398 (1953).

H. van Haeringen i R. van Wageningen, J. Math. Fizycznie. **16**, 1441 (1975).

[4] W. Plessas, L. Streit i H. Zingl, Acta. Phys. Austriaca **40**, 272

(1974).

[5] L. Cripinsek, C. B. Lang, H. Oberhummer, W. Plessas i H. F.

K. Zingl, **42**, 139(1975).

W. Schweiger, W. Plessas, L. P. Kok i H. van Haeringen,

Phys. Rev. C **27**, 515 (1983).

[7] R. A. Arndt, L. D. Roper, R. A. Bryan, R. B. Clark, B. J.

VerWest i P. Signell, Phys. Rev.D **28**, 97 (1983).

[8] J. Bystricki et al., *w Landolt-Börnstein, New Series*, pod redakcją H.

Schopper (Springer, Berlin, 1980) Vol. I/9.

[9] M. Lacombe, B. Loiseau, J. M. Richard, R. Vinh Mau, J. Côté,

P. Pirès i R. DeTourreil, Phys. Rev. C **21**, 861 (1980).

[10] R. A. Arndt, L. D. Roper, Phys. Rev. C **15**, 1002 (1977).

[11] J. Haidenbauer i W. Plessas, Phys. Rev. C **27**, 63 (1983).

M. A. Mac Gregor, R. A. Arndt i R. M. Wright, Phys. Rev.

182, 1714 (1969).

[13] R. B. Wiringa, V. G. J. Stoks i R. Schiavilla, Phys. Rev. C

51, 38 (1995).

[14] D. V. Bugg, Comments Nucl. Część. Phys. **35**, 295 (1985).

W. T. H. van Oers, Comments Nucl. Część. Phys. **10**, 281 (1982).

[16] W. Plessas, L. Mathelitsch i F. Pauss, Phys. Rev. C **23**, 1340

(1981).

W. Schwinger, W. Plessas, L. P. Kok i H. van Haeringen, Phys. Rev. C **27**, 515 (1983); **28**, 1414 (1983).

[18] H. W. Fearing, G. R. Goldstein i M. J. Moravesik, Phys. Rev. D **29**, 2612 (1984).

A. W. Thomas, *w "Few-Body-Systems and Nuclear Forces II"*, pod redakcją H. Zingl, M.Haftel i H. Zankel (Springer, Berlin, 1978).

W. Plessas, Acta. Phys. Austriaca **54**, 305 (1982).

[21] K. M. Watson, J. Nuttall i J. S. R. Chisholm, Tematy *w Kilka Particle Dynamics* (Holden-Day, San Francisco, 1967).

G. E. Brown, Rev. Mod. Phys. **43**, 1 (1971).

J. M. Eisenberg i W. Greiner, *Microscopic Theory of the Nucleus* (North- HollandPublishing Company, Amsterdam, 1972).

A. N. Mitra, "*Advances in Nuclear Physics*" autorstwa M. Barangera. i E. Vogt (Plenum Press, Nowy Jork, 1969) Tom 3.

[25] J. V. Noble, Phys. Rev. **161**, 945 (1967).

Gy. Bencze, Nucl. Phys. **Al96**, 135 (1972).

[27] A. M. Veselova, Teor. Mat. Phys. **3**, 542 (1970).

V. F. Kharchenko i S. A. Shadchin, Ukr. Fiz. Zh. **23**, 1651 (1978).

[29] E. O. Alt, W. Sandhas, M. Zankel i H. Ziegelmann, Phys. Ks. Lett. **37**, 1537 (1976).

[30] E. O. Alt, W. Sandhas i H. Ziegelmann, Phys. Rev. C **17**, 1981 (1978).

[31] E. O. Alt, *Few-body nuclear physics*, red. przez G. Pisent, V. Vanzani i L. Fonda (MAEA, Wiedeń, 1978) s. 271.

[32] E. O. Alt i W. Sandhas, Phys. Rev. C **21**, 1733 (1980).

[33] P. E. Shanley, Phys. Rev. **187**, 1328 (1969).

B. Charnomordic, C. Fayard i G.H. Lamot, Phys. Rev. C **15**, 864 (1977).

[35] M. K. Banerjee, C. Levinson, M. Shuster i D. Zollman, Phys. Rev. C **3**, 509 (1971).

[36] E. F. Redish, C. J. Stephenson, Jr. i G. M. Lerner, Phys. Rev. C **2**, 1665 (1970).

[37] W. F. Ford, Phys. Rev. B **133**, 1616 (1964).

W. F. F. Ford, J. Math. Phys. **7**, 626 (1966).

[39] H. van Haeringen, Phys. Rev. A **18**, 56 (1978).

[40] H. van Haeringen, Phys. Rev. C **26**, 819 (1982).

W. Gordon, Ann. Phys. (Leipzig) **2**, 1031 (1929).

[42] M. L. Goldberger i K. M. Watson, *Collision Theory* (Wiley, Nowy Jork, 1964).

L. Hulthén, Ark. Mat. Astron. Fys. **28A**, 5 (1942); Arka. Mat. Astron. Fys. **29B**, 1(1942).

[44] C. Eckart, Phys. Rev. **28**, 711 (1926); **35**, 1303 (1930)

[45] T. Tietz, J. Chem Phys. **35**, 1917 (1961).

[46] K. Szalcwicz i H. J. Mokhorst, J. Chem. Phys. **75**, 5785 (1981).

[47] G. Malli i J. Oreg, Chem. Fizycznie. Lett. **69**, 313 (1980).

[48] J. Lindhard i P. G. Hansen, Phys Rev. Lett. **57**, 965 (1986).

I. S. Bitensky, V. K. Ferleger i I. A. Wojciechowski, Nucl. Instrumenty. Metody fizyczne. Res. Sekta. B **125**, 201 (1997).

C. S. Jia, J. Y. Wang, S. He i L. T. Sun, J. Phys. A: Matematyka. Gen. **33**, 6993 (2000).

[51] P. Pyykko i J. Jokisaari, Chem. Phys. **10**, 293 (1975).

J. A. Olson i D. A. Micha, J. Chem. Phys. 68, 4352 (1978).

[53] D. Durand i L. Durand, Phys. Rev. D **23**, 1092 (1981).

[54] R. L. Hall, Phys. Rev. A. **32**, 14 (1985).

U. Laha, C. Bhattacharyya, K. Roy i B. Talukdar, Phys. Rev. C **38**, 558 (1988).

[56] J. Bhoi i U. Laha, J Phys. G: Nucl. Phys. **40**, 045107 (2013).

[57] U. Laha i J. Bhoi, Pramana J. Phys. 84, 555 (2015).

[58] J. Bhoi i U. Laha, Braz. J. Phys. **46**, 129 (2016).

[59] U. Laha i J. Bhoi, Phys. Rev. C **91**, 034614 (2015).

[60] J. Bhoi i U. Laha, Phys. At. Nucl. **79**, 62 (2016).

[61] J. Bhoi i U. Laha, Theor. Matematyka. Phys. **190**, 69 (2017).

[62] R. Jost, Helv. Phys. Acta. **20**, 256(1947).

[63] R. G. Newton, *Scattering Theory of Waves and Particles* (Springer Verlag, New York, Inc. 1982), wydanie drugie.

[64] B. Talukdar, U. Laha i U. Das, Phys. Rev. A **43**, 1183 (1991).

[65] U. Laha, Pramana- J. Phys. **67**, 357 (2006).

[66] M. G. Fuda i J. S. Whiting, Phys. Rev. C **8**, 1255 (1973).

[67] H. van Haeringen, J. Math. Phys. **20**, 1109 (1979).

[68] B. Talukdar, D. K. Ghosh i T. Sasakawa, Phys. Rev. A **29**, 1865 (1984).

[69] U. Laha i B. Kundu, Phys. Rev. A **71**, 032721 (2005).

[70] U. Laha, J. Phys. A **38**, 6141 (2005).

[71] U. Laha, Phys. Rev.A **74**, 012710 (2006).

[72] U. Laha, Pramana- J. Phys. **72**, 457 (2009).

[73] U. Laha i B. Kundu, Turkish J. Phys. **34**, 149 (2010).

[74] U. Laha i B. Talukdar, *Pramana J. Phys.* **36**, 289(1991).

[75] L. D. Landau i E. M. Lifshitz, *Quantum Mechanics* (Non-teoria relatywistyczna) (Adison-Wesley Publishing Co., Inc., 1965).

A. W. Babister, *Transcendentalne funkcje satysfakcjonujące Nie-jednorodne równania liniowo-dyferencyjne* (MacMillan Firma, Nowy Jork, 1967).

[77] L. J. Slater, *Confluent Hypergeometric Functions* (Cambridge University Press, Nowy Jork, 1960).

[78] A. Erdeyli, *Higher Transcendental Functions* (McGraw-Hill, Nowy Jork, 1953) Vol.1.

[79] W. Magnus i F. Oberhettinger, *Formuły i twierdzenia dla Specjalne Funkcje Fizyki Matematycznej* (Chelsea, Nowa York, 1949).

H. Buchholz, *Funkcja Hipergeometryczna Konfluentu* (Springer, Nowy Jork, 1969).

[81] L. J. Slater, Generalized Hypergeometric Functions (Cambridge

University Press, Cambridge, 1966).

M. Rotenberg, Adv. Na. Mol. Phys. **6**, 233 (1970).

[83] J.C.Y. Chen i A.C. Chen, w Advances in Atomic i

Fizyka molekularna **8**, 71(1972).

[84] S. Okubo i D. Feldman, Phys Rev. **117**, 292 (1960).

R. A. Mapleton, J. Math. Phys. **2**, 482 (1961).

[86] C. S. Shastry i A. K. Rajagopal, Phys. Rev. A **2**, 781 (1970).

[87] J. Nuttall i R. W. Stagat, Phys. Rev. A **3**, 1355 (1971).

RozdziaP2

Integralne reprezentacje funkcji Josta dla wszystkich fal czU stkowych

Funkcja Josta [$f_\ell(k)$ 1] odgrywa ważną rolę w badaniu właściwości analitycznych częściowej amplitudy rozpraszania fal, która jest określona przez zachowanie nieregularnego roztworu $f_\ell(k,r)$ radialnego równania Schrödingera w pobliżu źródła. Funkcja Jost posiada dwie integralne reprezentacje [2]; jedna w zakresie rozwiązania nieregularnego $f_\ell(k,r)$, a druga w zakresie rozwiązania regularnego $\varphi_\ell(k,r)$. Reprezentacja integralna odnosząca się do rozwiązania nieregularnego $f_\ell(k,r)$ wynika bezpośrednio z równania integralnego dla rozwiązania typu "on-shell Jost", podczas $f_\ell(k,r)$ gdy druga reprezentacja integralna jest wyprowadzana ze szczególnym naciskiem na asymptotyczne zachowanie rozwiązania regularnego $\varphi_\ell(k,r)$. Funkcja off-shell Jost [3] jest również określana z rozwiązania off-shell Jost w taki $f_\ell(k,q,r)$ sam sposób, jak to $f_\ell(k)$ uzyskuje się z $f_\ell(k,r)$. Na podstawie podejścia równania różniczkowego [4] do T-matrycy, Fuda i Whiting [3] wprowadzili pojęcie funkcji off-shell Jost $f_\ell(k,q)$. Jest to funkcja liczby fal k i momentu pędu off-shell q. Funkcja Jost off-shell $f_\ell(k,q)$ ma również dwie reprezentacje integralne; jedna w odniesieniu do roztworu Jost off-shell $f_\ell(k,q,r)$, a druga obejmuje roztwór wolnej cząstki off-shell i roztwór regularny on-shell $\varphi_\ell(k,r)$. Ten drugi został uzyskany przez Fudę [3,5] poprzez wykorzystanie przestrzennego formalizmu pędu funkcji pozapiecowej Josta i uogólnienia przez Kowalskiego metody Sasakawy [6], podczas gdy ten pierwszy wynika bezpośrednio z reprezentacji integralnej dla $f_\ell(k,q,r)$. Talukdar i in. [7] i Laha [8] wyprowadzili tę integralną reprezentację: (i) poprzez wykorzystanie roztworu Josta poza skorupą $f_\ell(k,q,r)$ wraz z warunkami brzegowymi dla normalnych i nieregularnych roztworów na skorupie oraz (ii) poprzez rozsądne wykorzystanie relacji operatora transponującego [9] na konkretnym roztworze niejednorodnego równania Schrödingera $\ell=0$ tylko dla $f_\ell(k,q,r)$ fali częściowej.

Celem niniejszego rozdziału jest rekonstrukcja tych integralnych reprezentacji dla funkcji Josta poza skorupą dla wszystkich fal cząstkowych poprzez wykorzystanie szczególnego rozwiązania niejednorodnego równania różniczkowego $f_\ell(k,q,r)$ wraz z transpozycyjną relacją operatora i oddziaływaniem funkcji Greena.

Roztwór off-shell Josta $f_\ell(k,q,r)$ dla potencjału symetrii sferycznej $V(r)$ spełnia niejednorodne równanie różniczkowe

$$\left[\frac{d^2}{dr^2}+k^2-\frac{\ell(\ell+1)}{r^2}-V(r)\right]f_\ell(k,q,r)=(k^2-q^2)\hat{h}_\ell^{(+)}(qr)e^{i\ell\pi/2} \quad . \tag{2.1}$$

Funkcja off-shell Jost jest uzyskiwana jako

$$f_\ell(k,q)=Lim_{r\to 0}(qr)^\ell\frac{e^{-i\ell\pi/2}}{(2\ell+1)!!}f_\ell(k,q,r) \quad . \tag{2.2}$$

Roztwór off-shell Josta spełnia asymptotyczny warunek brzegowy

$$f_\ell(k,q,r)\xrightarrow[r\to\infty]{} e^{iqr} \quad . \tag{2.3}$$

Wiadomo, że funkcja Riccatti Hankela $\hat{h}_\ell^{(+)}(qr)$ spełnia równanie różniczkowe

$$\left[\frac{d^2}{dr^2}+q^2-\frac{\ell(\ell+1)}{r^2}\right]\hat{h}_\ell^{(+)}(qr)=0 \quad .$$

(2.4)

Równanie (2.4) może być wyrażone jako

$$e^{i\ell\pi/2}(k^2-q^2)\hat{h}_\ell^{(+)}(qr)=\left[\frac{d^2}{dr^2}+k^2-\frac{\ell(\ell+1)}{r^2}\right]\hat{h}_\ell^{(+)}(qr)e^{i\ell\pi/2} \quad .$$

(2.5)

Połączenie równań (2.1) i (2.5) prowadzi do

$$\left[\frac{d^2}{dr^2}+k^2-\frac{\ell(\ell+1)}{r^2}\right]\left(f_\ell(k,q,r)-\hat{h}_\ell^{(+)}(qr)e^{i\ell\pi/2}\right)=V(r)\,f_\ell(k,q,r) \quad .$$

(2.6)

Można również przepisać równanie (2.6) w następującej formie

$$\left[\frac{d^2}{dr^2}+k^2-\frac{\ell(\ell+1)}{r^2}-V(r)\right]\left(f_\ell(k,q,r)-\hat{h}_\ell^{(+)}(qr)e^{i\ell\pi/2}\right)=e^{i\ell\pi/2}\,V(r)\,\hat{h}_\ell^{(+)}(qr).$$

(2.7)

Poszczególne części składowe równań (2.1), (2.6) i (2.7) są zapisane jako

$$f_\ell(k,q,r)=e^{i\ell\pi/2}(k^2-q^2)\int_r^\infty dr'\hat{h}_\ell^{(+)}(qr')G_\ell^{(I)}(r,r') \ , \qquad (2.8)$$

$$f_\ell(k,q,r)=e^{i\ell\pi/2}\hat{h}_\ell^{(+)}(qr)+\int_r^\infty dr'V(r')G_\ell^{0(I)}(r,r')f_\ell(k,q,r') \quad (2.9)$$

oraz

$$f_\ell(k,q,r)=e^{i\ell\pi/2}\hat{h}_\ell^{(+)}(qr)+e^{i\ell\pi/2}\int_r^\infty dr' V(r')\hat{h}_\ell^{(+)}(qr')\,G_\ell^{(I)}(r,r') \quad .$$

(2.10)

Ilość ta $G_\ell^{(I)}(r,r')$ jest funkcją nieregularną Greena [2] dla ruchu w potencjale $V(r)$ zdefiniowanym jako

$$G_\ell^{(I)}(r,r')=-\frac{1}{\Im_\ell(k)}[\varphi_\ell(k,r)f_\ell(k,r')-\varphi_\ell(k,r')f_\ell(k,r)] \quad (2.11)$$

z

$$\Im_\ell(k)=\frac{(2\ell+1)!!}{k^\ell}e^{i\ell\pi/2}f_\ell(k) \quad .$$

(2.12)

Oto $G_\ell^{0(I)}(r,r')$ funkcja wolnej cząstki Greena oraz ilości i $\varphi_\ell(k,r)$ $f_\ell(k,r)$ oznaczają regularne i nieregularne rozwiązania równania Schrödingera z potencjałem $V(r)$. Równanie (2.10) zostanie automatycznie wyprowadzone z równania (2.8). To jest jak następuje.

W połączeniu z równaniem (2.5), równaniem. (2.8) może zostać przepisane jako

$$f_\ell(k,q,r)=e^{i\ell\pi/2}\int_r^\infty dr' G_\ell^{(I)}(r,r')\left[\frac{d^2}{dr'^2}+k^2-\frac{\ell(\ell+1)}{r'^2}\right]\hat{h}_\ell^{(+)}(qr') \, . \qquad (2.13)$$

Rozsądne wykorzystanie relacji operator transponujący [8] $\langle\varphi|\hat{O}|\psi\rangle=\langle\psi|\tilde{O}|\varphi\rangle$ $\tilde{O}=\hat{O}$ wraz ze znanym równaniem różniczkowym dla funkcji Greena.

$$\left[\frac{d^2}{dr^2}+k^2-\frac{\ell(\ell+1)}{r^2}-V(r)\right]G_\ell^{(l)}(r,r')=\delta(r-r') \quad (2.14)$$

równanie (2.13) prowadzi do równania (2.10). Z równań (2.2) i (2.8)-(2.12) integralne reprezentacje funkcji off- i on-shell Jost są uzyskane jako

$$f_\ell(k,q)=\frac{(k^2-q^2)q^\ell}{(2\ell+1)!!}\int_0^\infty dr\;\hat{h}_\ell^{(+)}(qr)\varphi_\ell(k,r)\ , \quad (2.15)$$

$$f_\ell(k,q)=1+\frac{q^\ell e^{-i\ell\pi/2}}{(2\ell+1)!!}\int_0^\infty dr V(r)\varphi_\ell^0(k,r)f_\ell(k,q,r) \quad (2.16)$$

oraz

$$f_\ell(k,q)=1+\frac{q^\ell}{(2\ell+1)!!}\int_0^\infty dr V(r)\hat{h}_\ell^{(+)}(qr)\varphi_\ell(k,r)\ . \quad (2.17)$$

Równania (2.15) i (2.17) są równoważne. Równanie (2.15) jest najodpowiedniejszą formą wyprowadzenia analitycznego wyrażenia dla funkcji Josta poza skorupą, ponieważ nie angażuje wyraźnie potencjału. Jednak z równania (2.15) można dotrzeć do równania (2.17), przyjmując dwie następujące metody.

Równanie Schrödingera dla regularnego rozwiązania $\varphi_\ell(k,r)$ dla ruchu w potencjale $V(r)$ może być wyrażone jako

$$\left[\frac{d^2}{dr^2}+k^2-\frac{\ell(\ell+1)}{r^2}\right]\varphi_\ell(k,r)=V(r)\varphi_\ell(k,r) \quad .$$

(2.18)

Zastąpienie ekwiwalentu (2.18) w ekwiwalencie (2.17) prowadzi do

$$f_\ell(k,q)=1+\frac{q^\ell}{(2\ell+1)!!}\int_0^\infty dr\, \hat{h}_\ell^{(+)}(qr)\left[\frac{d^2}{dr^2}+k^2-\frac{\ell(\ell+1)}{r^2}\right]\varphi_\ell(k,r)$$.

(2.19)

Integracja powyższego równania dwa razy po części wraz z zachowaniami ograniczającymi i $\lim_{r\to 0}\varphi_\ell(k,r)=r^{\ell+1}$ $\lim_{x\to 0}\hat{h}_\ell^{(+)}(x)=(2\ell-1)!!x^{-\ell}$,jedno z nich dochodzi do równania (2.15). Z drugiej strony, można łatwo uzyskać równanie (2.15) poprzez wykorzystanie relacji operator transponujący [8] w równaniach (2.19) wraz z równaniami (2.5). Odpowiednimi wersjami funkcji Jost w wersji "on-shell" są

$$f_\ell(k)=1+\frac{k^\ell e^{-i\ell\pi/2}}{(2\ell+1)!!}\int_0^\infty dr V(r)\varphi_\ell^0(k,r)f_\ell(k,r) \quad (2.20)$$

oraz

$$f_\ell(k)=1+\frac{k^\ell}{(2\ell+1)!!}\int_0^\infty dr V(r)\hat{h}_\ell^{(+)}(kr)\varphi_\ell(k,r)$$.

(2.21)

Równania (2.15)-(2.17) są dobre zarówno dla potencjałów krótkiego zasięgu jak i Coulomba. W przeciwieństwie do Fudy [3,5] i Newtona [2] obecne podejście jest znacznie prostsze i stanowi wspólną podstawę do wyprowadzenia wszystkich integralnych reprezentacji funkcji Josta.

Do rozpraszania na potencjał krótkiego zasięgu $f_\ell(k,q)$ jest ciągła funkcja rozmachu off-shell. Nie dotyczy to jednak Coulomba i Coulomba plus potencjały krótkiego zasięgu [10-16] i wykazują one nieciągłość w powłoce energetycznej. Znajomość rozwiązań off-shell Jost i funkcji Jost jest wymagana do obliczenia matryc przejściowych [17-20]. Funkcję off-shell Jost można również uzyskać bezpośrednio z rozwiązania off-shell Jost. Używając jednej z reprezentacji przytoczonych w Eqs. (2.8)-(2.10) można skonstruować rozwiązanie off-shell Jost dla ruchu w potencjale $V(r)$. Używając tego podejścia, w rozdziałach 3, 4 i 5, skonstruujemy wyrażenia dla rozwiązań off-shell Jost dla Graz separable, Coulomb i Coulomb plus Graz separable potentials.

Referencje

[1] R. Jost, Helv. Phys. Acta **20**, 256 (1947).

R. G. Newton, *Scattering Theory of Waves and Particles*

(McGraw Hill, Nowy Jork, 1982).

[3] M. G. Fuda i J.S. Whiting, Phys. Rev. C **8**, 1255 (1973).

[4] J. M. J. van Leeuwen i A.S. Reiner, Physica **27**, 99 (1961).

[5] M. G. Fuda, Phys. Rev. C **14**, 37 (1976).

[6] K. L. Kowalski, Nucl. Phys. A **190**, 645 (1972).

[7] B. Talukdar, U. Laha i U. Das, Phys. Rev.A **43**, 1183 (1991).

[8] U. Laha, Pramana- J. Phys. **67**, 357 (2006).

L. D. Landau i E. M. Lifshitz, *Quamtum Mechanics: Inne niż*

Teoria relatywistyczna (Addison Wesley, 1965).

H. van Haeringen, J. Math. Phys. **20**, 1109 (1979).

H. van Haeringen, J. Math. Phys. **24**, 2467 (1983).

B. Talukdar, S. Saha. i T. Sasakawa, J. Math.Phys. **24**, 683. (1983).

[13] B. Talukdar, D.K. Ghosh i T. Sasakawa, J. Math.Phys. **23**, 1700 (1982); **25**, 323 (1984).

[14] U. Laha i B. Talukdar, Pramana-J. Phys. **36**, 289 (1991).

15] U. Laha. i B. Kundu, Phys.Rev. A **71**, 032721 (2005).

[16] U. Laha, J. Phys. A **38**, 6141 (2005).

[17] U. Laha, Phys. Rev. A **74**, 012710 (2006).

[18] U. Laha, Pramana- J. Phys. **72**, 457 (2009).

[19] U. Laha i B. Kundu, Turkish J. Phys. **34**, 149 (2010).

[20] H. van Haeringen i R. van Wageningen, J. Math.Phys. **16**, 1441 (1975).

RozdziaP3

RozwiU zanie Josta - moU liwoU U rozdzielenia potencjału

Oddzielne oddziaływania były często stosowane w różnych dziedzinach fizyki, takich jak fizyka cząstek stałych, jądrowa i atomowa, ze względu na swoją prostotę w obliczeniach analitycznych. Na ogół potencjał nielokalny jest funkcją dwóch zmiennych współrzędnych. W modelu rozdzielnym z $V_\ell(r,r')=\sum_{i=1}^{N}\lambda_\ell^i\left|g_\ell^i(r)\right\rangle\left\langle g_\ell^i(r')\right|$ i λ_ℓ^i $g_\ell^i(r)$ reprezentuje zależny od stanu parametr wytrzymałościowy i współczynnik kształtu potencjału. Atrakcyjna część interakcji nukleon-nukleon obejmuje fenomenologiczny region pośredni i jeden pion wymiany ogonek [1]. Dlatego do prawidłowego opisu interakcji nukleon-nukleon pod względem potencjału rozdzielnego potrzebne są co najmniej dwa terminy w potencjale, przy czym parametr wytrzymałościowy ma przeciwstawne znaki. Ponieważ eksperymenty z rozpraszaniem niskiej energii pobierają próbki tylko z zewnętrznego regionu potencjału, dla tego zakresu energii ważny może być jeden termin - potencjał rozdzielny. Dla średnich i wysokich zakresów energetycznych należy rozważyć potencjał wyższy rangą ze względu na wrażliwość danych rozpraszających na wybór rdzenia wewnętrznego niezależnie od tego, czy potencjał rozdzielny jest symetryczny czy niesymetryczny [2-5], związane z tym równanie Schrödingera można rozwiązać w formie zamkniętej.

Układy proton-proton i neutron-proton były szeroko badane z dużą liczbą wiarygodnych danych doświadczalnych [6-9]. Są one raczej dokładne dla układu proton-proton, natomiast zawierają niewielkie wątpliwości dla układu neutron-proton [10]. Zakładając symetrię ładunkową, która może być nieznacznie naruszona [11], można również wydobyć informacje dotyczące układu neutronowo-neutronowego z obserwowanych obiektów protonowo-protonowych przy odpowiednim potraktowaniu oddziaływania elektromagnetycznego [12, 13]. W rezultacie wszystkie realistyczne modele interakcji nukleon-nukleon wykazują podobne właściwości na skorupie, mimo że często wynikają z różnych podejść do dynamiki nukleon-nukleon [14-15]. Sytuacja nie jest jednak tak oczywista, jeśli chodzi o pozakomórkowe zachowanie interakcji nukleon-nukleon. Odpowiednie dowody można znaleźć tylko w trzech lub więcej problemach z cząsteczkami dotyczącymi podsystemów nukleonowo-jądrowych [16]. Chociaż w ciągu ostatnich kilkudziesięciu lat przeprowadzono wiele badań nad cechami off-shellu nukleonowego, nadal istnieje wiele kontrowersji i niepewności co do nich [17]. W ten sposób jest jasne, jak ważne jest, aby badać off-shell cechy interakcji nukleon-nukleon. Większość wczesnych, rozdzielnych modeli słabo pasuje do danych eksperymentalnych. Wyjątek stanowi potencjał rozdzielny Grazu [13,18,19], który daje rozsądne dopasowanie do obserwowalnych nukleonów. W tym rozdziale skonstruujemy dokładne wyrażenie analityczne dla off-shell Josta i fizycznych rozwiązań dla ruchu w Grazu potencjału rozdzielnego poprzez odwołanie się do różnych podejść do problemu.

3.1 Zwykłe podejście oparte na równaniach różniczkowych

Roztwór off-shellowy Josta dla potencjału rozdzielczego Grazu $f_\ell^S(k,q,r)$ spełnia niejednorodne równanie różniczkowe [20-22].

$$\left[\frac{d^2}{dr^2}+k^2-\frac{\ell(\ell+1)}{r^2}\right]f_\ell^S(k,q,r)=d_\ell^S(\beta_\ell,k,q)g_\ell(\beta_\ell,r)+(k^2-q^2)e^{i\ell\pi/2}\hat{h}_\ell^{(+)}(qr)$$

(3.1.1)

z

$$d_\ell^S(\beta_\ell,k,q)=\lambda_\ell\int_0^\infty ds\, g_\ell(\beta_\ell,s)f_\ell^S(k,q,s) \qquad (3.1.2)$$

oraz

$$\hat{h}_\ell^{(+)}(x)=xh_\ell^{(+)}(x)=\sum_{L=0}^{\ell}\frac{(i)^{2L-\ell}(\ell+L)!}{(2ix)^L L!(\ell-L)!}e^{ix} \quad .$$

(3.1.13)

Oto $g_\ell(\beta_\ell,r)$ współczynnik kształtu potencjału rozdzielczego Grazu [18] zapisany jako

$$g_\ell(\beta_\ell,r)=2^{-\ell}(\ell!)^{-1}r^\ell e^{-\beta_\ell r} \quad .$$

(3.1.4)

Transformacja zmiennych zależnych i niezależnych

$f_\ell^S(k,q,r)=r^{\ell+1}e^{ikr}F_\ell^S(k,q,r)$ oraz (3 $z=-2ikr$ .1.5)

w równaniu (3.1.1) prowadzi do

$$\left[z\frac{d^2}{dz^2}+(2\ell+2-z)\frac{d}{dz}-(\ell+1)\right]F_\ell^S(k,q,z)=-\frac{1}{2ik}\sum_{n=0}^{\infty}\left[\frac{d_\ell^S(\beta_\ell,k,q)\gamma^n}{2^\ell \ell! n!}z^n + (k^2-q^2)(-2ik)^\ell\sum_{L=0}^{\ell}\frac{(i)^{2L}(\ell+L)!}{L!(\ell-L)!}\left(-\frac{k}{q}\right)^L z^{n-\ell-L}\frac{\rho^n}{n!}\right] \qquad (3.1.6)$$

z i $\gamma = (\beta_\ell + ik)/2ik$ $\rho = (k-q)/2k$. W związku z tym, biorąc pod uwagę równania (3.1.5) i (3.1.6), ogólne rozwiązanie [23] równania (3.1.1) jest zapisane jako

$$\begin{aligned} f_\ell^S(k,q,r) = \{ & A_1\,\Phi(\ell+1, 2\ell+2; -2ikr) + A_2\,\Psi(\ell+1, 2\ell+2; -2ikr) \\ & -\frac{1}{2ik}\sum_{n=0}^{\infty}\left[\frac{d_\ell^S(\beta_\ell,k,q)}{2^\ell \ell!}\frac{\gamma^n}{n!}\theta_{n+1}(\ell+1,2\ell+2;-2ikr)\right. \\ & \left.\left. +(k^2-q^2)(-2ik)^\ell C_L(k,q)\frac{\rho^n}{n!}\theta_{n+1-\ell-L}(\ell+1,2\ell+2;-2ikr)\right]\right\} r^{\ell+1}e^{ikr} \end{aligned} \qquad (3.1.7)$$

Tutaj $\Phi(a,c;z)$ i $\Psi(a,c;z)$ są regularne i nieregularne zbieżne funkcje hipergeometryczne [24,25]. Pozostałe ilości A_1 A_2 są dwiema arbitralnie ustalonymi stałymi i zostaną określone na podstawie warunków brzegowych w dniu $f_\ell^S(k,q,r)$. Czynnik

$$C_L(k,q) = \sum_{L=0}^{\ell}\frac{(i)^{2L}(\ell+L)!}{L!(\ell-L)!}\left(-\frac{k}{q}\right)^L .$$

(3.1.8)

W limicie $r \to 0$, rozwiązanie Jost off-shell daje odpowiadającą mu funkcję Jost zgodnie z Eq. (2.2). W związku z tym zastosowanie stanu granicznego na równaniu $r = 0$ (3.1.7) wraz z równaniem (2.2) daje następujące wyniki

$A_2 = C_B^S(k,q) f_\ell^S(k,q)$ (3.1.9)

z

$$C_B^S(k,q) = \frac{e^{i\ell\pi/2}(-2ik)^{2\ell+1}\Gamma(\ell+1)(2\ell+1)!!}{q^\ell\Gamma(2\ell+2)}. \qquad (3.1.10)$$

Funkcja off-shell Jost dla potencjału rozdzielczego Grazu [21,22] jest podana przez

$$f_\ell^S(k,q) = f_\ell^0(k,q) + \lambda_\ell \frac{(k^2-q^2)q^\ell}{(2\ell+1)!!} Y_\ell^S(k) \sum_{L=0}^{\ell} \frac{(i)^{L-\ell}(\ell+L)!}{D_\ell^S(k)(2q)^L L!(\ell-L)!} Z_\ell^S(\beta_\ell,k,q)$$

(3.1.11)

gdzie $f_\ell^0(k,q)$ jest funkcja Jost off shell z wolnymi cząstkami brzmi jak

$$f_\ell^0(k,q) = \frac{1}{(2\ell+1)!!}\left(\frac{q}{k+q}\right)^\ell \sum_{L=0}^{\ell} \frac{(\ell+1-L)(\ell+L)!}{L!}\left(\frac{q-k}{2q}\right)^L \times$$
$${}_2F_1\left(\ell+1, \ell+L; 2\ell+2; \frac{2k}{(k+q)}\right) \qquad (3.1.12)$$

oraz inne ilości $Y_\ell^S(k)$, oraz są $Z_\ell^S(\beta_\ell,k,q)$

$$Y_\ell^S(k) = \int_0^\infty dr\, r^{\ell+1} e^{ikr} g_\ell(\beta_\ell,r)\, \Phi(\ell+1, 2\ell+2; -2ikr) = \frac{\Gamma(2\ell+2)}{2^\ell \ell!(\beta_\ell^2+k^2)^{\ell+1}},$$

(3.1.13)

oraz

$$Z_\ell^S(\beta_\ell,k,q) = -\frac{(i)^{L-\ell-1}}{2ik\, 2^\ell \ell!} \frac{\partial^{\ell+1-L}}{\partial q^{\ell+1-L}} \sum_{n=0}^{\infty} \frac{\gamma^n}{n!}$$
$$\times \lim_{\varepsilon\to 0} \int_0^\infty dr\, e^{-(\varepsilon - i(k+q))r} \theta_{n+1}(\ell+1, 2\ell+2; -2ikr)$$

(3.1.14)

Użycie standardowej całki [23]

$$\int_0^\infty dz\, e^{-bz} \theta_\sigma(a,c;pz) = \frac{\Gamma(\sigma)p^\sigma}{(\sigma+c-1)b^{\sigma+1}}\, {}_2F_1(1, \sigma+a; \sigma+c; p/b), \qquad (3.1.15)$$
$$\operatorname{Re}\sigma > 0, \operatorname{Re}(\sigma+c) > 1, \operatorname{Re} b > \operatorname{Re} p$$

w powyższym równaniu otrzymujemy

$$\begin{aligned} I_{z\ell}(k,q) &= \sum_{n=0}^{\infty}\frac{\gamma^n}{n!}\mathop{Lim}_{\varepsilon\to 0}\int_0^{\infty} dr\, e^{-(\varepsilon - i(k+q))r}\,\theta_{n+1}(\ell+1, 2\ell+2; -2ikr) \\ &= \frac{2ik}{(k+q)^2}\sum_{n=0}^{\infty}\left(\frac{k-i\beta_\ell}{k+q}\right)^n \frac{1}{(2\ell+2+n)}\, {}_2F_1\left(1, n+\ell+2; n+2\ell+3; \frac{2k}{k+q}\right) \end{aligned} \quad . (3.1.16)$$

Za pomocą formuły przekształceń [26,27,28]

$$\begin{aligned} {}_2F_1(a,b;c;z) &= \frac{\Gamma(c)\Gamma(c-a-b)}{\Gamma(c-a)\Gamma(c-b)}\, {}_2F_1(a,b;a+b-c+1;1-z) \\ &+ (1-z)^{c-a-b}\frac{\Gamma(c)\Gamma(a+b-c)}{\Gamma(a)\Gamma(b)}\, {}_2F_1(c-a, c-b; c-a-b+1; 1-z) \end{aligned} , \quad (3.1.17)$$

$${}_2F_1(a,b;c;z) = (1-z)^{-a}\, {}_2F_1\left(a, c-b; c; \frac{z}{z-1}\right) \quad (3.1.18)$$

oraz integralną reprezentację funkcji hipergeometrycznej Gaussian [26,27,28].

$${}_2F_1(a,b;c;z) = \frac{\Gamma(c)}{\Gamma(b)\Gamma(c-b)}\int_0^1 dt\, t^{b-1}(1-t)^{c-b-1}(1-tz)^{-a} \quad (3.1.19)$$

docieramy do

$$\begin{aligned} I_{z\ell}^{S}(k,q) &= \frac{\Gamma(-\ell)\Gamma(2\ell+2)(q^2-k^2)^\ell}{(2k)^{2\ell}\Gamma(\ell+2)(\beta_\ell - ik)}\, {}_2F_1\left(1, -\ell; \ell+2; \frac{\beta_\ell + ik}{\beta_\ell - ik}\right) \\ &- \frac{\Gamma(2\ell+2)}{(\beta_\ell - ik)}\left(\frac{q+k}{2k}\right)^{2\ell}\sum_{n=0}^{2\ell+1}\frac{(-1)^n}{(n-\ell)n!\Gamma(2\ell+2-n)}\left(\frac{q-k}{q+k}\right)^n \\ &\times {}_2F_1\left(1, n-\ell; n-\ell+1; \frac{(q-k)(\beta_\ell+ik)}{(q+k)(\beta_\ell-ik)}\right) \end{aligned} .$$

(3.1.20)

Stosując trzy następujące określenia relacji powtarzalności [26, 27,28]

$$c\ {}_2F_1(a,b;c;z) - c\ {}_2F_1(a+1,b;c;z) + bz\ {}_2F_1(a+1,b+1;c+1;z) = 0 \quad (3.1.21)$$

iteracyjnie w powyższym równaniu $Z_\ell^S(\beta_\ell,k,q)$ wyraża się jako

$$Z_\ell^S(\beta_\ell,k,q)=\frac{(i)^{L-\ell}\Gamma(2\ell+2)}{2^\ell \ell!(2k)^{2\ell+1}}\frac{\partial^{\ell+1-L}}{\partial q^{\ell+1-L}}\left\{\frac{1}{\beta_\ell-ik}\left[\frac{\Gamma(-\ell)}{\Gamma(\ell+2)}(q^2-k^2)^\ell\right.\right.$$
$$_2F_1\left(1,-\ell;\ell+2;\frac{\beta_\ell+ik}{\beta_\ell-ik}\right)-\frac{(q+k)^{2\ell}}{(-\ell)\Gamma(2\ell+2)}\left(\frac{2ik}{\beta_\ell+ik}\right)^{2\ell+1},$$
$$\left.\left.\left\{{}_2F_1\left(1,-\ell;-\ell+1;\frac{(q-k)(\beta_\ell+ik)}{(q+k)(\beta_\ell-ik)}\right)-1\right\}-(q+k)^{2\ell}X_\ell^S(\beta_\ell,k,q)\right]\right\}$$

(3.1.22)

z

$$X_\ell^S(\beta_\ell,k,q)=\frac{1}{(-\ell)\Gamma(2\ell+2)}-\frac{(q-k)(\beta_\ell-ik)}{(q+k)(\beta_\ell+ik)(-\ell+1)}\sum_{n=0}^{2\ell-1}\frac{(-1)^n}{\Gamma(n+3)\Gamma(2\ell-n)}$$
$$\times\left(\frac{\beta_\ell-ik}{\beta_\ell+ik}\right)^n({}_2F_1)_{n+1}\left(1,-\ell+1;-\ell+2;\frac{(q-k)(\beta_\ell+ik)}{(q+k)(\beta_\ell-ik)}\right).$$

(3.1.23)

W tym przypadku $({}_2F_1)_{n+1}(*)$ pierwsze $(n+1)$ warunki serii hipergeometrycznej z podanymi parametrami oraz $D_\ell^S(k)$ determinant Fredholm związany z regularnymi/nieregularnymi warunkami brzegowymi [21,29].

$$D_\ell^S(k)=1-\lambda_\ell\int_0^\infty\int_0^r dr\,dr'\,g_\ell(\beta_\ell,r)G_\ell^{0(R)}(r,r')g_\ell(\beta_\ell,r')$$
$$=1-\frac{\lambda_\ell 2^{-2\ell}(\ell!)^{-2}\Gamma(2\ell+2)}{(\ell+1)(\beta_\ell-ik)}\left[(\beta_\ell^2+k^2)^{-\ell-1}{}_2F_1\left(1,-\ell;\ell+2;\frac{(\beta_\ell+ik)}{(\beta_\ell-ik)}\right)\right. \quad (3.1.24)$$
$$\left.-\frac{(2\beta_\ell)^{-2\ell-1}}{(\beta_\ell-ik)}{}_2F_1\left(1,-\ell;\ell+2;\left(\frac{(\beta_\ell+ik)}{(\beta_\ell-ik)}\right)^2\right)\right]$$

Ze względu na równania (3.1.9) i (3.1.10) rozwiązanie Graz off-shell Jost zostaje przepisane jako

$$f_\ell^S(k,q,r) = \{A_1\Phi(\ell+1,2\ell+2;-2ikr) + C_B^S(k,q)f_\ell^S(k,q)\Psi(\ell+1,2\ell+2;-2ikr)$$
$$-\frac{1}{2ik}\sum_{n=0}^{\infty}\left[\frac{d_\ell^S(\beta_\ell,k,q)}{2^\ell \ell!}\frac{\gamma^n}{n!}\theta_{n+1}(\ell+1,2\ell+2;-2ikr) + (k^2-q^2)\right.$$
$$\left.\left.\times(-2ik)^\ell C_L(k,q)\frac{\rho^n}{n!}\theta_{n+1-\ell-L}(\ell+1,2\ell+2;-2ikr)\right]\right\}r^{\ell+1}e^{ikr}$$

(3.1.25)

Aby ocenić drugą stałą, A_1 najpierw wyrażamy dwa ostatnie terminy w równaniu (3.1.25) w kategoriach bezterminowych całek obejmujących funkcję wolnej cząstki regularnej Greena. Funkcję wolnej cząstki regularnej Greena [21, 30] pełni

$$G_\ell^{0(R)}(r,r') = \frac{1}{\Im_\ell^0(k)}\left[\phi_\ell^0(k,r)f_\ell^0(k,r') - \phi_\ell^0(k,r')f_\ell^0(k,r)\right], \quad for \quad r'\langle r$$

(3.1.26)

z

$$\phi_\ell^0(k,r) = r^{\ell+1}e^{ikr}\Phi(\ell+1,2\ell+2,-2ikr) \quad ,$$

(3.1.27)

$$f_\ell^0(k,r) = -(2kr)^{\ell+1}i\,e^{i(kr-\ell\pi/2)}\,\Psi(\ell+1,2\ell+2,-2ikr) \qquad (3.1.28)$$

oraz

$$\Im_\ell^0(k) = \frac{(2\ell+1)!!}{k^\ell}e^{i\ell\pi/2}f_\ell^0(k) = (2k)^{-\ell}e^{i\ell\pi/2}\frac{\Gamma(2\ell+2)}{\Gamma(\ell+1)} \quad .$$

(3.1.29)

W związku z tym, w powiązaniu z równikiem (3.1.26) dwa ostatnie terminy z równania (3.1.25) otrzymują brzmienie

$$-\frac{r^{\ell+1}e^{ikr}}{2ik2^\ell \ell!}\sum_{n=0}^{\infty}\frac{\gamma^n}{n!}\theta_{n+1}(\ell+1,2\ell+2;-2ikr) = \int_0^r G_\ell^{0R)}(r,r')g_\ell(\beta_\ell,r')dr' \quad (3.1.30)$$

oraz

$$(k^2-q^2)(-2ik)^{\ell-1}C_L(k,q)r^{\ell+1}e^{ikr}\sum_{n=0}^{\infty}\frac{\rho^n}{n!}\theta_{n+1-\ell-L}(\ell+1,2\ell+2;-2ikr)$$
$$=e^{i\ell\pi/2}\int_0^r G_\ell^{0(R)}(r,r')(k^2-q^2)\hat{h}_\ell^{(+)}(qr')dr' \quad .$$

(3.1.31)

Po Fuda i Whitingu [31] szczególna integralna część równania (3.1.1) jest wyrażona jako

$$\begin{aligned} f_\ell^S(k,q,r)=&(k^2-q^2)e^{i\ell\pi/2}\int_r^\infty G_\ell^{0(I)}(r,r')\hat{h}_\ell^{(+)}(qr')dr' \\ &+d_\ell^S(\beta_\ell,k,q)\int_r^\infty G_\ell^{0(I)}(r,r')\hat{h}_\ell^{(+)}(qr')dr' \end{aligned} , \quad (3.1.32)$$

gdzie $G_\ell^{0(I)}(r,r')$, funkcja nieregularnej wolnej cząstki Greena

$$G_\ell^{0(I)}(r,r')=-\frac{1}{\Im_\ell^0(k)}\left[\phi_\ell^0(k,r)f_\ell^0(k,r')-\phi_\ell^0(k,r')f_\ell^0(k,r)\right] \; for \; r'\rangle r \; . \quad (3.1.33)$$

Aby obliczyć ilość $d_\ell^S(\beta_\ell,k,q)$ zdefiniowaną w par. 3.1.2, postępujemy w następujący sposób.

Mnożąc równanie (3.1.32) przez $\lambda_\ell\, g_\ell(\beta_\ell,r)$ obie strony i integrując w całym zakresie ma się następujące cechy

$$\begin{aligned} d_\ell^S(\beta_\ell,k,q)=&(k^2-q^2)\frac{\lambda_\ell e^{i\ell\pi/2}}{D_\ell^S(k)}\int_0^\infty\int_r^\infty dr\,dr'\,g_\ell(\beta_\ell,r)G_\ell^{0(I)}(r,r')\hat{h}_\ell^{(+)}(qr') \\ =&\frac{\lambda_\ell e^{i\ell\pi/2}}{D_\ell^S(k)}(k^2-q^2)\sum_{L=0}^{\ell}\frac{(i)^{L-\ell}(\ell+L)!}{(2q)^L L!(\ell-L)!}Z_\ell^S(\beta_\ell,k,q) \end{aligned} \; . \quad (3.1.34)$$

Do uzyskania powyższego wyniku wykorzystaliśmy równanie (3.1.15) wraz z następującą zależnością [23]

$$\theta_\sigma(a,c;z)=\frac{1}{(c-1)}\left[\Phi(a,c;z)\int_0^z e^{-z'}z'^{\sigma+c-2}\overline{\Phi}(a,c;z')dz'\right.$$

$$\left.-\overline{\Phi}(a,c;z)\int_0^z e^{-z'}z'^{\sigma+c-2}\Phi(a,c;z')dz'\right]$$

$$=\frac{z^\sigma}{\sigma(\sigma+c-1)}{}_2F_2(1,\sigma+a;\sigma+1,\sigma+c;z).$$

(3.1.35)

Kombinacja współczynników (3.1.25)-(3.1.33) wydajności

$$M_{1\ell}^S(\beta_\ell,k,q)\,r^{\ell+1}e^{ikr}\,\Phi(\ell+1,2\ell+2;-2ikr)$$
$$+M_{2\ell}^S(\beta_\ell,k,q)\,r^{\ell+1}e^{ikr}\,\Psi(\ell+1,2\ell+2;-2ikr)=0$$

(3.1.36)

z

$$M_{1\ell}^S(\beta_\ell,k,q)=A_1+\frac{d_\ell^S(\beta_\ell,k,q)}{\Im_\ell^0(k)}\int_0^\infty dr'\,g_\ell(\beta_\ell,r')\,f_\ell^0(k,r')$$
$$+\frac{e^{i\ell\pi/2}(k^2-q^2)}{\Im_\ell^0(k)}\int_0^\infty dr'\,\hat{h}_\ell^{(+)}(qr')\,f_\ell^0(k,r') \qquad (3.1.37)$$

oraz

$$M_{2\ell}^S(\beta_\ell,k,q)=C_B^S(k,q)\,f_\ell^S(k,q)-\frac{d_\ell^S(\beta_\ell,k,q)\,e^{-i(\ell+1)\pi/2}}{(2k)^{-\ell-1}\,\Im_\ell^o(k)}$$
$$\times\int_0^\infty dr'\,g_\ell(\beta_\ell,r')\,\phi_\ell^0(k,r')+\frac{e^{i\pi/2}(k^2-q^2)}{(2k)^{-\ell-1}\,\Im_\ell^o(k)}\int_0^\infty dr'\,\hat{h}_\ell^{(+)}(qr')\,\phi_\ell^0(k,r')$$

(3.1.38)

Z uwagi na równania (2.15), (3.1.10)-(3.1.12), (3.1.34) oraz normę integralną

$$\int_0^\infty e^{-\lambda z}z^\nu\Phi(a,c;pz)=\frac{\Gamma(\nu+1)}{\lambda^{\nu+1}}{}_2F_1(a,\nu+1;c;p/\lambda) \qquad (3.1.39)$$

powyższy współczynnik $M_{2\ell}^{S}(\beta_\ell,k,q)$ w równaniu (3.1.38) staje się zerowy. Zastąpienie równoważnika (3.1.34) w równoważniku (3.1.37) i ocena ostatecznych elementów składowych za pomocą następującej zależności [24, 25]

$$F\left(b,S;1+S+b-d;1-\frac{\mu}{a}\right)=\frac{a^S\Gamma(1+b+S-d)}{\Gamma(1+S-d)\Gamma(S)}\int_0^\infty e^{-ax}x^{S-1}\Psi(b,d;\mu x)dx. \quad (3.1.40)$$

$$\mathrm{Re}\,S>0,1+\mathrm{Re}\,S>\mathrm{Re}\,d$$

Mamy

$$A_1=-\frac{2^{-\ell}(\ell!)^{-1}d_\ell^S(\beta_\ell,k,q)}{(\ell+1)(\beta_\ell-ik)}{}_2F_1\left(1,-\ell;\ell+2;\frac{\beta_\ell+ik}{\beta_\ell-ik}\right)-(-1)^{\ell+1}\frac{e^{i(\ell+1)\pi/2}\Gamma(\ell+1)}{(k+q)^{-\ell}\Gamma(2\ell+2)}$$
$$\times(q-k)\sum_{L=0}^{\ell}\frac{(\ell+L)!(\ell-L+1)\Gamma(1-\ell-L)}{L!\Gamma(2-L)}\left(\frac{q+k}{2q}\right)^L{}_2F_1\left(1-\ell-L,-\ell;2-L;\frac{q-k}{q+k}\right).$$

(3.1.41)

Połączenie równań (3.1.8)-(3.1.12) wraz z (3.1.25), (3.1.34) i (3.1.41) daje pożądane wyrażenie dla rozwiązania Josta poza skorupą dla potencjału rozdzielnego Grazu jako

$$\begin{aligned}f_\ell^S(k,q,r)&=f_\ell^0(k,q,r)+\lambda_\ell\frac{e^{i\ell\pi/2}(k^2-q^2)}{2^\ell\ell!D_\ell^S(k)}\sum_{L=0}^{\ell}\frac{(i)^{L-\ell}(\ell+L)!}{(2q)^L L!(\ell-L)!}\\&\times Z_\ell^S(\beta_\ell,k,q)\left[\frac{-1}{(\beta_\ell-ik)(\ell+1)}{}_2F_1\left(1,-\ell;\ell+2;\frac{\beta_\ell+ik}{\beta_\ell-ik}\right)\right.\\&\times\Phi(\ell+1,2\ell+2;-2ikr)+\frac{(-2ik)^{2\ell+1}\Gamma(\ell+1)}{(\beta_\ell^2+k^2)^{\ell+1}}\\&\left.\times\Psi(\ell+1,2\ell+2;-2ikr)-\frac{1}{2ik}\sum_{n=0}^{\infty}\frac{\gamma^n}{n!}\theta_{n+1}(\ell+1,2\ell+2;-2ikr)\right]r^{\ell+1}e^{ikr}\end{aligned} \quad (3.1.42)$$

z

$$f_\ell^0(k,q,r)=\sum_{L=0}^{\ell}\frac{e^{i\ell\pi/2}(2ik)^{2\ell+1}(\ell+L)!\Gamma(\ell+1)}{(2q)^L L!(\ell-L)!\Gamma(2\ell+2)}r^{\ell+1}e^{ikr}\left\{\frac{\Gamma(\ell-L+2)}{(k+q)^{\ell-L}}\left[\frac{\Gamma(1-\ell-L)}{2k\Gamma(2-L)}\right.\right.$$

$$\times\left(\frac{q+k}{2k}\right)^{2\ell}(q-k)_2F_1\left(1-\ell-L,-\ell;2-L;\frac{q-k}{q+k}\right)\Phi(\ell+1,2\ell+2;-2ikr)$$

$$\left.-\left(\frac{q-k}{q+k}\right)^L{}_2F_1\left(\ell+1,\ell+L;2\ell+2;\frac{2k}{q+k}\right)\Psi(\ell+1,2\ell+2;-2ikr)\right]$$

$$\left.+(k^2-q^2)\frac{\Gamma(2\ell+2)}{\Gamma(\ell+1)(2k)^{\ell-L+2}}\sum_{n=0}^{\infty}\frac{\gamma^n}{n!}\theta_{n+1-\ell-L}(\ell+1,2\ell+2;-2ikr)\right\}$$

(3.1.43)

Współczynnik kształtu fali s dla potencjału wydzielanego przez Graz dokładnie pokrywa się z potencjałem Yamaguchiego [2]. Poniżej sprawdzimy, czy dla przypadku s-wave Eq. (3.1.42) dokładnie pokrywa się z rozwiązaniem Yamaguchi off-shell Jost [22,32-34]. Dla $\ell=0$, Np.(3.1.42) staje się

$$f_0^S(k,q,r)=f_0^0(k,q,r)+\lambda_0\frac{(k^2-q^2)}{D_0^S(k)}Z_0^S(\beta_0,k,q)\left[\frac{-1}{(\beta_0-ik)}\Phi(1,2;-2ikr)\right.$$

$$\left.+\frac{(-2ik)}{(\beta_0^2+k^2)}\Psi(1,2;-2ikr)-\frac{1}{2ik}\sum_{n=0}^{\infty}\frac{\gamma^n}{n!}\theta_{n+1}(1,2;-2ikr)\right]r\,e^{ikr}$$

(3.1.44)

z wolną cząsteczką s-wave Roztwór Josta

$$f_0^0(k,q,r)=2ikr\,e^{ikr}\left[\frac{q-k}{2k}\Phi(1,2;-2ikr)-\Psi(1,2;-2ikr)\right.$$

$$\left.+\frac{(k^2-q^2)}{(2k)^2}\sum_{n=0}^{\infty}\frac{\rho^n}{n!}\theta_{n+1}(1,2;-2ikr)\right]$$

(3.1.45)

Korzystanie z integralnej reprezentacji $\Phi(a,c;z)$ i $\Psi(a,c;z)$

$$\Phi(a,c;z)=\frac{\Gamma(c)}{\Gamma(a)\Gamma(c-a)}\int_0^1 e^{zu}\,u^{a-1}(1-u)^{c-a-1}\,du\ ;\ \mathrm{Re}\,c>\mathrm{Re}\,a>0 \qquad (3.1.46)$$

oraz

$$\Psi(a,c;z)=\frac{1}{\Gamma(a)}\int_0^\infty e^{-zt}\,t^{a-1}(1+t)^{c-a-1}\,dt\ ;\ \mathrm{Re}\,a>o \qquad (3.1.47)$$

wraz z relacją

$$\theta_\sigma(1,c;z)=\frac{z^\sigma}{\sigma(\sigma+c-1)}\Phi(1,\sigma+c;z) \qquad (3.1.48)$$

równania (3.1.44) prowadzą do

$$f_0^S(k,q,r)=e^{iqr}+\lambda_0\frac{(\beta_0+iq)}{D_0^S(k)(\beta_0^2+q^2)(\beta_0^2+k^2)}e^{-\beta_0 r} \qquad (3.1.49)$$

z

$$D_0^S(k)=1-\frac{\lambda_0}{2\beta_0(\beta_0^2+k^2)} \quad .$$

(3.1.50)

Wynik w równaniu (3.1.49) jest dokładnie zgodny z wynikiem Ghosha i in. [34]. Inne użyteczne kontrole na równaniu (3.1.42) polegają na wykazaniu, że np $f_\ell^S(k,q,r)\underset{r\to 0}{\longrightarrow} f_\ell^S(k,q)$. odtwarza ono równanie (3.1.11); kiedy $\lambda_\ell=0$, $f_\ell^S(k,q,r)$ przechodzi do wolnej cząstki pierwszej (równaniu (3.1.12)) i dla $q=k$

$$
\begin{aligned}
f_\ell^S(k,r) &= f_\ell^S(k,q,r)\Big|_{q\to k} \\
&= -(2kr)^{\ell+1} i\, e^{i(kr-\ell\pi/2)}\,\Psi(\ell+1,2\ell+2;-2ikr) - \frac{\lambda_\ell \Gamma(2\ell+2) r^{\ell+1} e^{i(kr+\pi/2)}}{D_\ell^S(k)(\ell!)^2\,\Gamma(\ell+2)(\beta_\ell - ik)} \\
&\times {}_2F_1\left(1,-\ell;\ell+2;\frac{\beta_\ell+ik}{\beta_\ell-ik}\right)\left\{\frac{\Gamma(\ell+1)k^{\ell+1}}{(\beta_\ell^{\,2}+k^2)^{\ell+1}}\Psi(\ell+1,2\ell+2,-2ikr)\right. \\
&- \frac{e^{i\ell\pi/2}}{k^{\ell+1}2^{2\ell+2}}\left[\frac{2ik}{(\ell+1)(\beta_\ell-ik)}\,{}_2F_1\left(1,-\ell;\ell+2;\frac{\beta_\ell+ik}{\beta_\ell-ik}\right)\times\right. \\
&\left.\left.\Phi(\ell+1,2\ell+2;-2ikr) + \sum_{n=0}^{\infty}\frac{\gamma^n}{n!}\theta_{n+1}(\ell+1,2\ell+2;-2ikr)\right]\right\},
\end{aligned}
$$

(3.1.51)

rozwiązanie Josta w skorupce. Powszechnie wiadomo, że faza funkcji Josta jest negatywna w stosunku do przesunięcia fazowego rozpraszania $\delta(k)$. Dalej, definiujemy ilość $\tan\Delta(k,q) = -\operatorname{Im} f(k,q)/\operatorname{Re} f(k,q)$. Poniżej przedstawiamy wyniki w $\Delta(k,q)$ funkcji q i sprawdzamy, czy wytwarzają one rozpraszające przesunięcie fazowe przy $\delta(k)$ $q=k$.

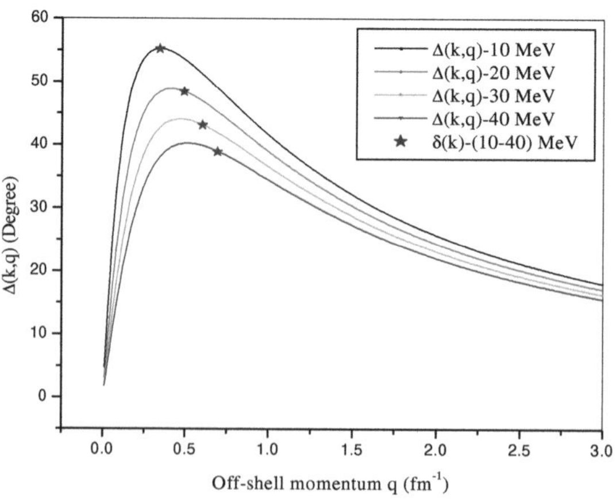

Rysunek 01: w $\Delta(k,q)$ funkcji pędu off-shellowego q

3.2 Integralne przekształcenie funkcji Zielonych

Funkcja fizyczna Zieleń dla potencjału rozdzielczego Grazu spełnia niejednorodne równanie różniczkowe [21].

$$\left[\frac{d^2}{dr^2}+k^2-\frac{\ell(\ell+1)}{r^2}\right]G_\ell^{S(+)}(r,r')=d_\ell^{S(+)}(\beta_\ell,k,r')g_\ell(\beta_\ell,r)+\delta(r-r')$$

(3.2.1)

z

$$d_\ell^{S(+)}(\beta_\ell,k,r')=\lambda_\ell\int_0^\infty ds\, g_\ell(\beta_\ell,s)G_\ell^{S(+)}(s,r') \quad .$$

(3.2.2)

Niech funkcja będzie powiązana $F_\ell(r,r')$ z

$$G_\ell^{S(+)}(r,r')=r^{\ell+1}e^{ikr}F_\ell^S(r,r') \quad .$$

(3.2.3)

Następnie przekształcenie całkowite $\overline{F}(r,q)=[F(r,r');r'\to q]$ jest związane z

$$\overline{G}_\ell^{S(+)}(r,q)=r^{\ell+1}e^{ikr}\overline{F}(r,q) \quad (3.2.4)$$

Równanie (3.2.3) dodaje się do równania (3.2.1), aby otrzymać

$$\begin{aligned}\left[r\frac{d^2}{dr^2}+(2\ell+2+2ikr)\frac{d}{dr}+2ik(\ell+1)\right]F_\ell^S(r,r')&=r^{-\ell}e^{-ikr}\delta(r-r')\\ &+\frac{d_\ell^{S(+)}(\beta_\ell,k,r')}{2^\ell\ell!}e^{-(\beta_\ell+ik)r}\end{aligned} \quad . \quad (3.2.5)$$

Przyjmując integralną transformację równania (3.2.5) w odniesieniu do zmiennej niezależnej i zmieniając ją o $\hat{h}_\ell^{(+)}(qr')$ $[r' \to q]$ $z=-2ikr$ jedną zmienną niezależną, to

$$\left[z\frac{d^2}{dz^2}+(2\ell+2-z)\frac{d}{dz}+(\ell+1)\right]\overline{F}_\ell^S(z,q)=\sum_{L=0}^{\ell}\frac{(i)^{2L-1}(-1)^{L+\ell-1}(\ell+L)!}{L!(\ell-L)!2^{-\ell+1}q^L k^{1-L-\ell}} \times\sum_{n=0}^{\infty}\frac{\rho^n}{n!}z^{n-\ell-L}-\frac{d_\ell^{S(+)}(\beta_\ell,k,q)}{2ik2^\ell \ell!}\sum_{n=0}^{\infty}\frac{\gamma^n}{n!}z^n \quad (3.2.6)$$

Ilość ta $d_\ell^{S(+)}(\beta_\ell,k,q)$ jest podana przez

$$d_\ell^{S(+)}(\beta_\ell,k,q)=\int_0^\infty dr'\,\hat{h}_\ell^{(+)}(qr')d_\ell^{S(+)}(\beta_\ell,k,r') =\lambda_\ell\int_0^\infty\int_0^\infty dr\,dr'\,\hat{h}_\ell^{(+)}(qr')G_\ell^{S(+)}(r,r')g_\ell(\beta_\ell,r)$$

(3.2.7)

Równanie (3.2.6) reprezentuje niejednorodne, zbieżne, hipergeometryczne równanie różnicowe [23]. Ze względu na równania (3.2.3) i (3.2.4), całkowite prymitywy to

$$\overline{G}_\ell^{S(+)}(r,q)=\Big[B_1\Phi(\ell+1,2\ell+2;-2ikr)+B_2\Psi(\ell+1,2\ell+2;-2ikr)-\frac{(-2k)^\ell}{2ik} \times\sum_{L=0}^{\ell}\frac{(i)^{2L}(\ell+L)!}{L!(\ell-L)!}\left(-\frac{k}{q}\right)^L\Lambda_{\rho,\sigma}(\ell+1,2\ell+2;-2ikr)-\frac{d_\ell^{S(+)}(\beta_\ell,k,q)}{2ik2^\ell \ell!} \times\Lambda_{\gamma,1}(\ell+1,2\ell+2;-2ikr)\Big]r^{\ell+1}e^{ikr}$$

(3.2.8)

z $\sigma=1-\ell-L$. W celu określenia stałych i B_1 B_2, warunki brzegowe $\overline{G}_\ell^{S(+)}(r,q)$ będą stosowane rozsądnie na i $r=0$ $r\to\infty$. Wszystkie ilości w równaniu (3.2.8) z wyjątkiem zera $\Psi(\ell+1,2\ell+2;-2ikr)$ w $r=0$. Tak więc, jeden ma $B_2=0$ i

$$\overline{G}_\ell^{S(+)}(r,q)=\left\{B_1\Phi(\ell+1,2\ell+2;-2ikr)-\frac{1}{2ik}\left[(-2k)^\ell\sum_{L=0}^{\ell}\frac{(i)^{2L}(\ell+L)!}{L!(\ell-L)!}\left(-\frac{k}{q}\right)^L\right.\right.$$

$$\left.\left.\times\Lambda_{\rho,\sigma}(\ell+1,2\ell+2;-2ikr)+\frac{d_\ell^{S(+)}(\beta_\ell,k,q)}{2^\ell\ell!}\Lambda_{\gamma,1}(\ell+1,2\ell+2;-2ikr)\right]\right\}r^{\ell+1}e^{ikr}\quad.$$

(3.2.9)

Aby przyjąć limit $r\to\infty$, ilość $\overline{G}_\ell^{S(+)}(r,q)$ jest wyrażona jako

$$\overline{G}_\ell^{S(+)}(r,q)=\int_0^\infty dr'\hat{h}_\ell^{(+)}(qr')G_\ell^{S(+)}(r,r')$$

$$=-\frac{e^{-i\ell\pi/2}}{k}\left[f_\ell^S(k,r)\int_0^r dr'\hat{h}_\ell^{(+)}(qr')\psi_\ell^{S(+)}(k,r')+\psi_\ell^{S(+)}(k,r)\int_r^\infty dr'\hat{h}_\ell^{(+)}(qr')f_\ell^S(k,r')\right]$$

(3.2.10)

gdzie

$$G_\ell^{S(+)}(r,r')=-k^{-1}e^{-i\ell\pi/2}\psi_\ell^{S(+)}(k,r_<)f_\ell^S(k,r_>)\quad.$$

(3.2.11)

Tutaj i $r_<$ $r_>$ mają swoje zwykłe znaczenie. Funkcje $\psi_\ell^{S(+)}(k,r)$ i $f_\ell^S(k,r)$ oznaczają rozwiązania fizyczne w skorupie oraz rozwiązania Josta dla potencjału rozdzielczego Grazu [18,21], wyrażone jako

$$\psi_\ell^{S(+)}(k,r)=\psi_\ell^{0(+)}(k,r)+\frac{\lambda_\ell}{D_\ell^{S(+)}(k)}U_\ell^S(\beta_\ell,k)I_\ell^S(\beta_\ell,k,r)\qquad(3.2.12)$$

oraz

$$f_\ell^S(k,r)=f_\ell^0(k,r)+\frac{\lambda_\ell}{D_\ell^S(k)}W_\ell^S(\beta_\ell,k)J_\ell^S(\beta_\ell,k,r)\quad,$$

(3.2.13)

gdzie

$$U_\ell^S(\beta_\ell,k)=\int_0^\infty dr\, g_\ell(\beta_\ell,r)\psi_\ell^{0(+)}(k,r)=\left[\frac{k^\ell\Gamma(\ell+1)}{(\ell!)(\beta_\ell^2+k^2)^{\ell+1}}\right],$$

(3.2.14)

$$I_\ell^S(\beta_\ell,k,r)=\int_0^\infty dr'\, g_\ell(\beta_\ell,r')G_\ell^{0(+)}(r,r')=-\frac{r^{\ell+1}e^{ikr}}{2ik\,2^\ell\ell!}\left[\frac{2ik}{(\ell+1)(\beta_\ell-ik)}\times\right.$$
$$_2F_1\left(1,-\ell;\ell+2;\frac{\beta_\ell+ik}{\beta_\ell-ik}\right)\Phi(\ell+1,2\ell+2;-2ikr)$$
$$\left.+\sum_{n=0}^\infty\frac{\gamma^n}{n!}\theta_{n+1}(\ell+1,2\ell+2;-2ikr)\right],\quad (3.2.15)$$

$$\begin{aligned}W_\ell^S(\beta_\ell,k)&=\int_0^\infty dr\, g_\ell(\beta_\ell,r)f_\ell^0(k,r)\\&=\frac{e^{i\ell\pi/2}\Gamma(2\ell+2)}{2^{\ell+1}k^\ell\ell!\Gamma(\ell+2)(\beta_\ell-ik)^2}{}_2F_1\left(1,-\ell;\ell+2;\frac{\beta_\ell+ik}{\beta_\ell-ik}\right)\end{aligned}\quad (3.2.16)$$

oraz

$$J_\ell^S(\beta_\ell,k,r)=\int_r^\infty dr'\, g_\ell(\beta_\ell,r')G_\ell^{0(I)}(r,r')=I_\ell^S(\beta_\ell,k,r)+f_\ell^0(k,r)\,U_\ell^S\beta_\ell,k)$$

(3.2.17)

z $D_\ell^S(k)$ wyznacznikiem Fredholmu związanym z regularnymi i nieregularnymi stanami granicznymi oraz $D_\ell^{S(+)}(k)$ z fizycznym stanem granicznym [21,29] zapisanym jako

$$\begin{aligned}D_\ell^{S(+)}(k)&=1-\lambda_\ell\int_0^\infty\int_0^\infty dr\,dr' g_\ell(\beta_\ell,r)G_\ell^{0(+)}(r,r')g_\ell(\beta_\ell,r')\\&=1+\lambda_\ell\left[\frac{\Gamma(2\ell+2)(\beta_\ell-ik)^{-2}}{2^{2\ell}(\ell!)^2(2\beta_\ell)^{2\ell+1}(\ell+1)}{}_2F_1\left(1,-\ell;\ell+2;\left(\frac{\beta_\ell+ik}{\beta_\ell-ik}\right)^2\right)\right].\end{aligned}\quad (3.2.18)$$

Również dwa ostatnie terminy z równania (3.2.9) można wyrazić bezpośrednio w kategoriach funkcji zwykłej zielonej cząstki wolnej, jak pokazano na równaniach (3.1.21) i (3.1.22). Zastąpienie równoważników (3.2.10)-(3.2.17) w równoważniku (3.2.9) wartością graniczną $r \to \infty$ jednej wydajności

$$B_1 = -\frac{1}{\Im_\ell^0(k)}\left\{\int_0^\infty dr\,\hat{h}_\ell^{(+)}(qr)\,f_\ell^0(k,r) + d_\ell^{S(+)}(\beta_\ell,k,q)\int_0^\infty dr\,g_\ell(\beta_\ell,r)\,f_\ell^0(k,r)\right\}$$

(3.2.19)

oraz

$$d_\ell^{S(+)}(\beta_\ell,k,q) = \frac{\lambda_\ell}{D_\ell^{S(+)}(k)}\int_0^\infty dr\,\hat{h}_\ell^{(+)}(qr)\,I_\ell^S(\beta_\ell,k,r) \quad .$$

(3.2.20)

Ocena całek w powyższych równaniach prowadzi do

$$B_1 = -\frac{e^{i\ell\pi/2}}{\Im_\ell^0(k)(2k)^\ell}\left[\frac{(-1)^\ell e^{i\pi/2}}{(k+q)^{-\ell+1}}\sum_{L=0}^{\ell}\frac{(\ell+L)!(\ell-L+1)\Gamma(1-\ell-L)}{L!\Gamma(2-L)}\left(\frac{q+k}{2q}\right)^L\right.$$
$$\times {}_2F_1\left(1-\ell-L,-\ell;2-L;\frac{q-k}{q+k}\right) + d_\ell^{S(+)}(\beta_\ell,k,q)\frac{2^{-\ell}(\ell!)^{-1}\Gamma(2\ell+2)}{\Gamma(\ell+2)(\beta_\ell-ik)} \quad .$$
$$\left.\times {}_2F_1\left(1,-\ell;\ell+2;\frac{\beta_\ell+ik}{\beta_\ell-ik}\right)\right]$$

(3.2.21)

z

$$d_\ell^{S(+)}(\beta_\ell,k,q) = -\frac{\lambda_\ell}{2^\ell(\ell!)D_\ell^{S(+)}(k)}\left\{\frac{q^{-\ell}\Gamma(2\ell+2)}{(k^2-q^2)(\beta_\ell-ik)}\frac{f_\ell^0(k,q)}{(\ell+1)}\times\right. \quad .$$
$$\left.{}_2F_1\left(1,-\ell;\ell+2;\frac{\beta_\ell+ik}{\beta_\ell-ik}\right) - \sum_{L=0}^{\ell}\frac{(i)^{L-\ell}(\ell+L)!}{(2q)^L L!(\ell-L)!}Z_\ell^S(\beta_\ell,k,q)\right\}$$

(3.2.22)

Ilość ta została $Z_\ell^S(\beta_\ell,k,q)$ już określona w równaniu (3.1.17). Kombinacja równań (3.2.9), (3.2.21) i (3.2.22) daje pożądane wyrażenie dla integralnej transformacji funkcji Zielonego dla ruchu w rozważanym potencjale rozdzielczym Grazu jako

$$\overline{G}_\ell^{S(+)}(r,q)=\overline{G}_\ell^{0(+)}(r,q)-d_\ell^{S(+)}(\beta_\ell,k,q)\times$$
$$\left\{\frac{2^{-\ell}(\ell!)^{-1}e^{i\ell\pi/2}\Gamma(2\ell+2)}{\Im_\ell^0(k)(2k)^\ell\Gamma(\ell+2)(\beta_\ell-ik)^2}{}_2F_1\left(1,-\ell;\ell+2;\frac{\beta_\ell+ik}{\beta_\ell-ik}\right)\right.$$
$$\left.\times\Phi(\ell+1,2\ell+2;-2ikr)+\frac{1}{2ik2^\ell\ell!}\Lambda_{\gamma,1}(\ell+1,2\ell+2;-2ikr)\right\}r^{\ell+1}e^{ikr}.$$

(3.2.23)

Wyrażenie "dla" $\overline{G}_\ell^{S(+)}(r,-q)$ otrzymuje się przez zastąpienie q $-q$ w powyższym równaniu wzorem według

$$\overline{G}_\ell^{S(+)}(r,-q)=(-1)^\ell\int_0^\infty dr'G_\ell^{S(+)}(r,r')\hat{h}_\ell^{(+)}(-qr')=(-1)^\ell\left|\overline{G}_\ell^{S(+)}(r,q)\right|_{q\to-q}.$$

(3.2.24)

Roztwór fizyczny poza powłoką dla ruchu w potencjale rozdzielczym Grazu uzyskuje się poprzez zastosowanie następującej zależności

$$\psi_\ell^{S(+)}(k,q,r)=\frac{(k^2-q^2)}{2i}\left[\overline{G}_\ell^{S(+)}(r,q)-(-1)^\ell\overline{G}_\ell^{S(+)}(r,-q)\right].$$

(3.2.25)

Posiadając wyrażenie na fizyczne rozwiązanie off-shell można zidentyfikować odpowiednie rozwiązanie off-shell Josta wykorzystując następującą zależność [21]

$$\psi_\ell^{(+)}(k,q,r)=-\frac{\pi q}{2}T_\ell(k,q,k^2)e^{-i\ell\pi/2}f_\ell(k,r)+\frac{1}{2i}\left[e^{-i\ell\pi/2}f_\ell(k,q,r)-e^{i\ell\pi/2}f_\ell(k,-q,r)\right] \qquad (3.2.26)$$

z

$$T_\ell(k,q,k^2)=\left(\frac{k}{q}\right)^2\frac{[f_\ell(k,q)-f_\ell(k,-q)]}{2i\,f_\ell(k)}\quad ,$$

(3.2.27)

T-matryca w połowie skorupy. Zidentyfikowaliśmy rozwiązanie off-shell Jost dla ruchu w potencjale rozdzielczym Graz jest dokładnie zgodne z Eq. (3.1.42). Poniżej omówimy inne podejście do problemu.

3.3 Podejście oparte na bezpośredniej integracji

Szczególna integralna część równania (3.1.1) reprezentuje rozwiązanie Josta [31], zapisane jako "off-shell".

$$f_\ell^S(k,q,r)=(k^2-q^2)e^{i\ell\pi/2}\int_r^\infty G_\ell^{S(I)}(r,r')\hat{h}_\ell^{(+)}(qr')dr' \quad .$$

(3.3.1)

$G_\ell^{S(I)}(r,r')$ Oto funkcja nieregularnej Zielonej dla ruchu w rozważanym potencjale i jest przepisana w kategoriach funkcji nieregularnej Zielonej nieregularnej cząstki i ich transformacji integralnej jako

$$G_\ell^{S(I)}(r,r')=G_\ell^{0(I)}(r,r')+\frac{\lambda_\ell}{D_\ell^S(k)}\overline{G}_\ell^{0(I)}(\beta_\ell,r')\int_r^\infty G_\ell^{0(I)}(r,r')g_\ell(\beta_\ell,r')dr' \quad (3.3.2)$$

z

$$\overline{G}_\ell^{0(I)}(\beta_\ell,r')=\int_0^\infty G_\ell^{0(I)}(r,r')g_\ell(\beta_\ell,r)dr \quad .$$

(3.3.3)

Zastępując (3.3.2) w równaniu (3.3.1) jeden ma

$$f_\ell^S(k,q,r)=(k^2-q^2)e^{i\ell\pi/2}\left[\int_r^\infty G_\ell^{0(I)}(r,r')\hat{h}_\ell^{(+)}(qr')dr'+\frac{\lambda_\ell \overline{G}_\ell^{0(I)}(\beta_\ell,q)}{D_\ell^S(k)}\times\int_r^\infty G_\ell^{0(I)}(r,r')g_\ell(\beta_\ell,r')dr'\right]$$

$$=f_\ell^0(k,q,r)+\frac{\lambda_\ell e^{i\ell\pi/2}}{D_\ell^S(k)}(k^2-q^2)\overline{G}_\ell^{0(I)}(\beta_\ell,q)\int_r^\infty G_\ell^{0(I)}(r,r')g_\ell(\beta_\ell,r')dr'$$

(3.3.4)

gdzie

$$\overline{G}_\ell^{0(I)}(\beta_\ell,q)=\int_0^\infty\int_r^\infty \hat{h}_\ell^{(+)}(qr')G_\ell^{0(I)}(r,r')g_\ell(\beta_\ell,r)dr\,dr' \quad .$$

(3.3.5)

Nieograniczona integralność, o której mowa w pkt 3.3.4, może być oceniona poprzez przepisanie jej jako

$$\int_r^\infty G_\ell^{0(I)}(r,r')g_\ell(\beta_\ell,r')dr'=\int_0^\infty G_\ell^{0(I)}(r,r')g_\ell(\beta_\ell,r')dr'-\int_0^r G_\ell^{0(I)}(r,r')g_\ell(\beta_\ell,r')dr'.$$

(3.3.6)

Definitywne i nieokreślone całki, o których mowa w pkt 3.3.5 i 3.3.6, mogą być łatwo obsługiwane poprzez zastąpienie funkcji nieregularnej cząstki wolnej Green [24,25,30] wraz ze stosunkami (3.1.19), (3.1.35), (3.1.39), (3.1.40) (3 .

$$\Psi(a,b;z)=\frac{\Gamma(1-b)}{\Gamma(a-b+1)}\Phi(a,b;z)+\frac{\Gamma(b-1)}{\Gamma(a)}z^{1-b}\Phi(a-b+1,2-b;z)$$ 3.7).

oraz

$$ {}_2F_1(a,b;c;z)=(1-z)^{c-a-b}\,{}_2F_1(c-a,c-b;c;z) \quad .$$

(3.3.8)

Wszystkie te wyrażenia po podstawieniu w równaniu (3.3.4) generują pożądane wyrażenie rozwiązania Josta poza skorupą dla potencjału rozdzielnego Graza [tj. równaniu (3.1.42)]. Przyjęte tu metody są równie dobre dla interakcji Coulombowych jak i Coulombowskich. W kolejnych rozdziałach będziemy traktować Coulomba i Coulomba plus Graza jako odrębne potencjały.

Referencje

[1] G. E. Brown i A. D. Jackson, The nucleon-nucleon interaction (North-Holland Publishing Company, Amsterdam, 1976).

[2] Y. Yamaguchi, Phys. Rev. **95**, 1628 (1954).

[3] F. Tabakin, Phys. Rev. **174**, 1208 (1968).

[4] T. R. Mongan, Phys. Rev. **175**, 1260 (1968); **178**, 1597 (1969).

S. Saito, Progr. Theor. Phys. **40**, 893 (1968); **41**, 705 (1969).

[6] R. A. Arndt, L. D. Roper, R. A. Bryan, R. B. Clark, B. J. VerWest i P. Signell, Phys. Rev. D28, 97 (1983).

[7] J. Bystricki et al. w *Landolt-Börnstein, New Series*, Ed. przez H. Schopper (Springer, Berlin, 1980) Vol. I/9.

M. H. MacGregor, R. A. Arndt i R. M. Wright, Phys. Rev. **182**, 1714 (1969).

[9] R. B. Wiringa, V. G. J. Stoks i R. Schiavilla, Phys. Rev. C **51**, 38 (1995).

[10] D. V. Bugg, Komentarz Nucl. Część. Phys. **35**, 295 (1985).

W. T. H. van Oers, Comments Nucl. Część. Phys. **10**, 281 (1982).

[12] W. Plessas, L. Mathelitsch i F. Pauss, Phys. Rev. C **23**, 1340 (1981).

W. Schwinger, W. Plessas, L. P. Kok i H. van Haeringen, Phys. Rev. C **27**, 515 (1983); **28**, 1414 (1983).

[14] J. Haidenbauer i W. Plessas, Phys. Rev. C **27**, 63 (1983).

[15] W. Plessas, Acta Phys. Austriaca **54**, 305 (1982).

[16] H. W. Fearing, G. R. Goldstein i M. J. Moravesik, Phys. Rev. D **29**, 2612 (1984).

[17] A.W. Thomas, *w Few-Body Systems i Nuclear Forces II*, pod redakcją H. Zingl, M.Haftel i H. Zankel (Springer, Berlin, 1978).

[18] L. Crepinsek, C.B. Lang, H. Oberhumer, W. Plessas i H. Zingl, Acta Phys. Austriaca, **42**, 139 (1975).

[19] H. Zankel, W. Plessas i J. Haidenbauer, Phys. Rev. C **28**, 538 (1983).

[20] J. M. J. van Leeuwen i A.S. Reiner, Physica **27**, 99 (1961).

[21] U. Laha i B. Talukdar, Pramana J. Phys. **36**, 289(1991).

[22] U. Laha, Phys. Rev.A **74**, 012710 (2006).

[23] A. W. Babister, *Transcendentalne funkcje satysfakcjonujące Nie-*

jednorodne równania liniowo-dyferencyjne (MacMillan

Firma, Nowy Jork, 1967).

[24] L. J. Slater, *Confluent Hypergeometric Functions* (Cambridge

University Press, Nowy Jork, 1960).

H. Buchholz, *Funkcja Hipergeometryczna Konfluentu*

(Springer, Nowy Jork, 1969).

A. Erdeyli, *Higher Transcendental Functions* (McGraw-Hill,

Nowy Jork, 1953) Tom 1.

[27] W. Magnus i F. Oberhettinger, *Formuły i twierdzenia dla*

Specjalne Funkcje Fizyki Matematycznej (Chelsea, Nowa

York, 1949).

[28] L. J. Slater, Generalized Hypergeometric Functions (Cambridge

University Press, Cambridge, 1966).

[29] U. Laha, B. J. Roy i B. Talukdar, J. Phys. A **22**, 3597

(1989).

R. G. Newton, *Scattering Theory of Waves and Particles* [30]

(Springer Verlag, New York, Inc. 1982), wydanie drugie.

[31] M. G. Fuda i J. S. Whiting, Phys. Rev. C **8**, 1255 (1973).

[32] U. Laha, Pramana- J. Phys. **72**, 457 (2009).

[33] U. Laha i B. Kundu, Turkish J. Phys. **34**, 149 (2010).

[34] D. K. Ghosh, S. Saha, K. Niyogi i B. Talukdar, Czech. J. Phys. B **33**, 528 (1983).

RozdziaP4

RozwiU zanie off-shell Jost - interakcja Coulomba

W rozpraszaniu cząstek naładowanych duży zasięg oddziaływania Coulomba jest źródłem szczególnych trudności ze względu na 1/r zachowanie potencjału na dużych odległościach. Prowadzi to do nieciągłości w zachowaniu się funkcji pół- i pozakulisowych potencjału Coulomba w powłoce energetycznej [1]. Funkcja Josta, która odgrywa centralną rolę w badaniu właściwości analitycznych częściowych amplitud rozpraszania fal, jest zdeterminowana przez zachowanie nieregularnego rozwiązania radialnego równania Schrödingera w pobliżu źródła [2]. Funkcja Jost off-shell jest również określana z nieregularnego roztworu niejednorodnego równania Schrödingera w taki sam sposób, jak zwykła funkcja Jost jest uzyskiwana ze zwykłego roztworu Josta [3-11]. Celem tego rozdziału jest opisanie kilku recept na dokładne wyrażenie analityczne dla Coulombowego roztworu Josta w skorupce.

4.1 Zwykłe podejście oparte na równaniach różniczkowych

Rozwiązanie off-shell Josta dla potencjału Coulomba spełnia równanie podobne do Schrödingera [6-9].

$$\left[\frac{d^2}{dr^2}+k^2-\frac{\ell(\ell+1)}{r^2}-\frac{2k\eta}{r}\right]f_\ell^C(k,q,r)=(k^2-q^2)e^{i\ell\pi/2}\hat{h}_\ell^{(+)}(qr) \quad .$$

(4.1.1)

Zmiana zmiennych zależnych i niezależnych w równaniu (4.1.1) poprzez zastąpienie

$f_\ell^C(k,q,r)=r^{\ell+1}e^{ikr}g_\ell(k,q,r)$ oraz (4. $z=-2ikr$ 1.2)

człowiek ma

$$\left[z\frac{d^2}{dz^2}+(2\ell+2-z)\frac{d}{dz}-(\ell+1+i\eta)\right]g(k,q,z)=(k^2-q^2)(-2ik)^{\ell-1}$$
$$\times\sum_{L=0}^{\ell}\left(-\frac{k}{q}\right)^L\frac{(i)^{2L}(\ell+L)!}{L!(\ell-L)!}\sum_{n=0}^{\infty}z^{n-\ell-L}\frac{\rho^n}{n!} \tag{4.1.3}$$

z $\rho=\dfrac{k-q}{2k}$. Po Babiście [12] kompletny prymityw z równania (4.1.3) wraz z równaniami (4.1.2) jest zapisany jako

$$f_\ell^C(k,q,r)=\Big[A\Phi(\ell+1+i\eta,2\ell+2;-2ikr)+B\Psi(\ell+1+i\eta,2\ell+2;-2ikr)$$
$$\left.+\frac{(k^2-q^2)}{(-2ik)^{\ell-1}}\sum_{L=0}^{\ell}\left(-\frac{k}{q}\right)^L\frac{(i)^{2L}(\ell+L)!}{L!(\ell-L)!}\sum_{n=0}^{\infty}\frac{\rho^n}{n!}\theta_{n+1-\ell-L}(\ell+1+i\eta,2\ell+2;-2ikr)\right]r^{\ell+1}e^{ikr}. \tag{4.1.4}$$

Tutaj i $\Phi(*)$ $\Psi(*)$ oznaczają regularne i nieregularne zbieżne funkcje hipergeometryczne [13,14] i A B są to dwie arbitralne stałe, które muszą być określone na podstawie warunków brzegowych. Rozwiązanie off-shell Josta $f_\ell^C(k,q,r)$ spełnia warunki brzegowe [3,7]

$$f_\ell^C(k,q)=\lim_{r\to 0}f_\ell^C(k,q,r)(-2iqr)^\ell\frac{\ell!}{(2\ell)!} \tag{4.1.5}$$

oraz

$$f_\ell^C(k,q,r)\underset{r\to\infty}{\approx}e^{iqr} \tag{4.1.6}$$

Wykorzystanie stanu granicznego w par $r=0$. (4.1.4) wraz z [7].

$$f_\ell^C(k,q)=\frac{1}{(2\ell+1)!!}\left(\frac{q}{k+q}\right)^\ell\left(\frac{q+k}{q-k}\right)^{i\eta}\sum_{L=0}^{\ell}\frac{(\ell+1-L)(\ell+L)!}{L!}\left(\frac{q-k}{2q}\right)^L$$
$$\times {}_2F_1\left(\ell+1-i\eta,\ell+L;2\ell+2;\frac{2k}{(k+q)}\right) \qquad (4.1.7)$$

plony

$$B=\frac{e^{i\ell\pi/2}(-2ik)^{2\ell+1}\Gamma(\ell+1+i\eta)}{(k+q)^\ell\Gamma(2\ell+2)}\left(\frac{q+k}{q-k}\right)^{i\eta}\sum_{L=0}^{\ell}\frac{(\ell-L+1)(\ell+L)!}{L!}\left(\frac{q-k}{2q}\right)^L$$
$$\times {}_2F_1\left(\ell+1-i\eta,\ell+L;2\ell+2;\frac{2k}{k+q}\right). \qquad (4.1.8)$$

Gdy wartość stałej będzie B znana, druga stała A będzie automatycznie wynikać z definicji rozwiązania jost off-shell. Procedura jest następująca.

Aby ocenić stałą, A pierwszym zadaniem jest powiązanie ostatniego semestru w par. 4.1.4 z funkcją Coulomb'a regular Green'a [3], która brzmi

$$(k^2-q^2)e^{i\ell\pi/2}\int_0^r G_\ell^{C(R)}(r,r')\hat{h}_\ell^{(+)}(qr')dr'=(k^2-q^2)(-2ik)^{\ell-1}r^{\ell+1}e^{ikr}$$
$$\times\sum_{L=0}^{\ell}\left(-\frac{k}{q}\right)^L\frac{(i)^{2L}(\ell+L)!}{L!(\ell-L)!}\sum_{n=0}^{\infty}\frac{\rho^n}{n!}\theta_{n+1-\ell-L}(\ell+1+i\eta,2\ell+2;-2ikr),$$

(4.1.9)

gdzie

$$G_\ell^{C(R)}(r,r')=\frac{1}{\Im_\ell^C(k)}\left[\phi_\ell^C(k,r)f_\ell^C(k,r')-\phi_\ell^C(k,r')f_\ell^C(k,r)\right]$$
$$=-\frac{(2ik)^{2\ell+1}}{(2\ell+1)}(rr')^{\ell+1}e^{ik(r+r')}\left[\Phi(\ell+1+i\eta,2\ell+2;-2ikr')\overline{\Phi}(\ell+1+i\eta,2\ell+2;-2ikr)\right.$$
$$\left.-\Phi(\ell+1+i\eta,2\ell+2;-2ikr)\overline{\Phi}(\ell+1+i\eta,2\ell+2;-2ikr')\right]$$

(4.1.10)

Oto i $\phi_\ell^C(k,r)$ $f_\ell^C(k,r)$ są rozwiązania Coulomba regularne i nieregularne [3]

$$\phi_\ell^C(k,r) = r^{\ell+1}e^{ikr}\Phi(\ell+1+i\eta,2\ell+2,-2ikr) \qquad (4.1.11)$$

oraz

$$f_\ell^C(k,r) = -(2kr)^{\ell+1}ie^{i(kr-\ell\pi/2)}e^{\pi\eta/2}\Psi(\ell+1+i\eta,2\ell+2,-2ikr) \qquad .$$

(4.1.12)

Ilość ta $\Im_\ell^C(k)$ jest związana z funkcją On-Shell Jost przez

$$\Im_\ell^C(k) = \frac{(2\ell+1)!!}{k^\ell}e^{i\ell\pi/2}f_\ell^C(k) = (2k)^{-\ell}e^{i\ell\pi/2}e^{\pi\eta/2}\frac{\Gamma(2\ell+2)}{\Gamma(\ell+1+i\eta)} \qquad .$$

(4.1.13)

W wyprowadzeniu równania (4.1.9), równanie (3.1.35) zostało użyte rozsądnie [11].

Według Fudy i Whitinga [4,5] szczególne rozwiązanie Eq. (4.1.1) reprezentuje rozwiązanie Coulomba w skorupie Josta. Tak więc, piszemy

$$f_\ell^C(k,q,r)=(k^2-q^2)e^{i\ell\pi/2}\int_r^\infty G_\ell^{C(I)}(r,r')\hat{h}_\ell^{(+)}(qr')dr', \qquad (4.1.14)$$

gdzie $G_\ell^{C(I)}(r,r')$, nieregularna funkcja Coulomb Green'a

$$G_\ell^{C(I)}(r,r') = -\frac{1}{\Im_\ell^C(k)}\left[\phi_\ell^C(k,r)f_\ell^C(k,r') - \phi_\ell^C(k,r')f_\ell^C(k,r)\right] \qquad .$$

(4.1.15)

Łącząc kwity (4.1.4), (4.1.9), (4.1.10), (4.1.14) i (4.1.15) otrzymujemy

$$\left[A\Phi(\ell+1+i\eta,2\ell+2;-2ikr)+B\Psi(\ell+1+i\eta,2\ell+2;-2ikr)\right]r^{\ell+1}e^{ikr}$$

$$+\frac{(k^2-q^2)e^{i\ell\pi/2}}{\Im_\ell^C(k)}\times \quad (4.1.16)$$

$$\left[\phi_\ell^C(k,r)\int_0^\infty f_\ell^C(k,r')\hat{h}_\ell^{(+)}(qr')dr'-f_\ell^C(k,r)\int_0^\infty \phi_\ell^C(k,r')\hat{h}_\ell^{(+)}(qr')dr'\right]=0$$

Zastępując równanie (4.1.8) w równaniu (4.1.16) obserwuje się, że współczynnik związany z pojęciem $r^{\ell+1}e^{ikr}\Psi(\ell+1+i\eta,2\ell+2;-2ikr)$ zanika i otrzymujemy

$$A=-\frac{(k^2-q^2)e^{i\ell\pi/2}}{\Im_\ell^C(k)}\int_0^\infty f_\ell^C(k,r')\hat{h}_\ell^{(+)}(qr')dr'$$
$$=\frac{(-1)^\ell e^{i(\ell+1)\pi/2}\Gamma(\ell+1+i\eta)}{(k+q)^{-\ell}\Gamma(2\ell+2)(q-k)^{-1}}\sum_{L=0}^{\ell}\frac{(\ell-L+1)(\ell+L)!\Gamma(1-\ell-L)}{L!\Gamma(2+i\eta-L)}\left(\frac{q+k}{2q}\right)^L.$$
$$\times {}_2F_1\left(1-\ell-L,i\eta-\ell;2+i\eta-L;\frac{q-k}{q+k}\right)$$

(4.1.17)

Dlatego też z równań (4.1.4), (4.1.8) i (4.1.17) otrzymujemy pożądane wyrażenie dla Coulombowego rozwiązania Josta poza skorupą jako

$$f_\ell^C(k,q,r)=\sum_{L=0}^{\ell}\frac{e^{i\ell\pi/2}(2ik)^{2\ell+1}(\ell+L)!\Gamma(\ell+1+i\eta)}{(2q)^L L!(\ell-L)!\Gamma(2\ell+2)}r^{\ell+1}e^{ikr}\left\{\frac{\Gamma(\ell-L+2)}{(k+q)^{\ell-L}}\times\right.$$
$$\left[\frac{\Gamma(1-\ell-L)}{2k\Gamma(2+i\eta-L)}\left(\frac{q+k}{2k}\right)^{2\ell}(q-k)\,{}_2F_1\left(1-\ell-L,i\eta-\ell;2+i\eta-L;\frac{q-k}{q+k}\right)\times\right.$$
$$\Phi(\ell+1+i\eta,2\ell+2;-2ikr)-\left(\frac{q+k}{q-k}\right)^{i\eta-L}{}_2F_1\left(\ell+1-i\eta,\ell+L;2\ell+2;\frac{2k}{q+k}\right).$$
$$\left.\times\Psi(\ell+1+i\eta,2\ell+2;-2ikr)\right]+(k^2-q^2)\frac{\Gamma(2\ell+2)}{\Gamma(\ell+1+i\eta)(2k)^{\ell-L+2}}\times$$
$$\left.\sum_{n=0}^{\infty}\frac{\rho^n}{n!}\theta_{n+1-\ell-L}(\ell+1+i\eta,2\ell+2;-2ikr)\right\}$$

(4.1.18)

Dla $\ell=0$ wyrażenia w równaniu (4.1.18) dokładnie pokrywa się z wynikiem Laha et.al. [9,11,15].

4.2 Integralne przekształcenie funkcji Zielonych

Roztwór fizyczny poza skorupą $\psi_\ell^{C(+)}(k,q,r)$ spełnia niejednorodne równanie różniczkowe [7].

$$\left[\frac{d^2}{dr^2}+k^2-\frac{\ell(\ell+1)}{r^2}-\frac{2k\eta}{r}\right]\psi_\ell^{C(+)}(k,q,r)=(k^2-q^2)\hat{j}_\ell(qr)$$,

(4.2.1)

gdzie

$$\hat{j}_\ell(x)=\frac{1}{2i}\left[\hat{h}_\ell^{(+)}(x)-\hat{h}_\ell^{(-)}(x)\right]$$ (4.2.2a)

oraz

$$\hat{h}_\ell^{(-)}(x)=e^{i\ell\pi}\hat{h}_\ell^{(+)}(-x)$$.

(4.2.2b)

Interesujące dla nas szczególne rozwiązanie z równania (4.2.1) można wyrazić w formie podanej w równaniach (3.2.25) za pomocą

$$\overline{G}_\ell^{C(+)}(r,q)=\int_0^\infty dr' G_\ell^{C(+)}(r,r')\hat{h}_\ell^{(+)}(qr')$$.

(4.2.3)

Wynik dla $\overline{G}_\ell^{C(+)}(r,q)$ jest otrzymywany przez całkowanie przekształcenia równania różniczkowego $G_\ell^{C(+)}(r,r')$, aby r' otrzymać równanie różniczkowe drugiego rzędu, dla $\overline{G}_\ell^{C(+)}(r,q)$ którego jest rozwiązany z odpowiednimi warunkami brzegowymi.

Fala wychodząca/fizyczna funkcja Coulomba Greena [3] spełnia niejednorodne równanie różniczkowe

$$\left[\frac{d^2}{dr^2}+k^2-\frac{\ell(\ell+1)}{r^2}-\frac{2k\eta}{r}\right]G_\ell^{C(+)}(r,r')=\delta(r-r') \quad .$$

(4.2.4)

Niech funkcja będzie powiązana $F_\ell(r,r')$ z

$$G_\ell^{C(+)}(r,r')=r^{\ell+1}e^{ikr}F_\ell(r,r') \quad .$$

(4.2.5)

Następnie przekształcenie całkowite $\overline{F}(r,q)=[F(r,r');r'\to q]$ jest związane z

$$\overline{G}_\ell^{C(+)}(r,q)=r^{\ell+1}e^{ikr}\overline{F}(r,q) \qquad (4.2.6)$$

Poniżej zobaczymy, że sama funkcja $\overline{F}(r,q)$ spełnia niejednorodne, zbieżne równanie hipergeometryczne [12]. Równanie (4.2.5) dodaje się do równania (4.2.4), aby otrzymać

$$\left[r\frac{d^2}{dr^2}+(2\ell+2+2ikr)\frac{d}{dr}+\{2ik(\ell+1)+2k\eta)\}\right]F_\ell(r,r')=r^{-\ell}e^{-ikr}\delta(r-r').$$

(4.2.7)

Przyjmując integralną transformację równania (4.2.7) z $\hat{h}_\ell^{(+)}(qr')$ $[r'\to q]$ i zastępując $z=-2ikr$ ją ma

$$\left[z\frac{d^2}{dz^2}+(2\ell+2-z)\frac{d}{dz}+(\ell+1+i\eta)\right]\overline{F}_\ell(z,q)=\sum_{L=0}^{\ell}\left(-\frac{k}{q}\right)^L \frac{(i)^{2L-\ell}(\ell+L)!}{L!(\ell-L)!(-2ik)^{-\ell+1}}z^{-\ell-L}e^{\rho z} \qquad (4.2.8)$$

z $\rho=\left(\frac{k-q}{2k}\right)$. Powyższe równanie reprezentuje niejednorodne, zbieżne, hipergeometryczne równanie różniczkowe [12], którego kompletny prymityw zapisany jest jako

$$\overline{F}_\ell(z,q) = \Big[A\Phi(\ell+1+i\eta,2\ell+2;z)+B\Psi(\ell+1+i\eta,2\ell+2;z)+ \sum_{L=0}^{\ell}\left(-\frac{k}{q}\right)^L \frac{(i)^{2L-\ell}(\ell+L)!}{L!(\ell-L)!(-2ik)^{-\ell+1}}\Lambda_{\rho,\sigma}(\ell+1+i\eta,2\ell+2;z)\Big] \quad (4.2.9)$$

z i $\sigma=-\ell-L+1$

$$\Lambda_{\rho,\sigma}(a,c;z)=\sum_{n=0}^{\infty}\frac{\rho^n}{n!}\theta_{\sigma+n}(a,c;z)$$
$$=\sum_{n=0}^{\infty}\frac{\Gamma(\sigma+a+n)\Gamma(\sigma)\Gamma(\sigma+c-1)}{\Gamma(\sigma+a)\Gamma(\sigma+n+1)\Gamma(\sigma+c+n)}F_{(n+1)}(\sigma,\sigma+c-1;\sigma+a;\rho)z^{\sigma+n}. \quad (4.2.10)$$

gdzie $F_{(n+1)}$ oznacza pierwsze (n+1) wyrażenie serii hipergeometrycznej Gaussian z podanymi parametrami i jest $\theta_\sigma(a,c;z)$ związane [12] z funkcjami hipergeometrycznymi zbieżnymi zdefiniowanymi w równym stopniu (4.1.15). Z równań (4.2.6) i (4.2.9) wynika, że integralna transformacja funkcji Coulombowskiej Zieleni fizycznej [3] to

$$\overline{G}_\ell^{C(+)}(r,q)=\Big[A\Phi(\ell+1+i\eta,2\ell+2;-2ikr)+B\Psi(\ell+1+i\eta,2\ell+2;-2ikr)+ \sum_{L=0}^{\ell}\left(-\frac{k}{q}\right)^L\frac{(i)^{2L-\ell}(\ell+L)!}{L!(\ell-L)!(-2ik)^{-\ell+1}}\Lambda_{\rho,\sigma}(\ell+1+i\eta,2\ell+2;-2ikr)\Big]r^{\ell+1}e^{ikr}.$$

(4.2.11)

W celu określenia stałych oraz A B warunków brzegowych na i $r=0$ $r\to\infty$ będą wykorzystane w sposób rozsądny. Wszystkie ilości w równaniu (4.2.11) z wyjątkiem zera $\Psi(\ell+1+i\eta,2\ell+2;-2ikr)$ w $r=0$. Tak więc, jeden ma $B=0$ i

$$\overline{G}_\ell^{C(+)}(r,q)=\left[A\Phi(\ell+1+i\eta,2\ell+2;-2ikr)+\sum_{L=0}^{\ell}\left(-\frac{k}{q}\right)^L\frac{(i)^{2L-\ell}(\ell+L)!}{L!(\ell-L)!(-2ik)^{-\ell+1}}.\right.$$
$$\left.\times\Lambda_{\rho,\sigma}(\ell+1+i\eta,2\ell+2;-2ikr)\right]r^{\ell+1}e^{ikr}$$

(4.2.12)

Aby przyjąć limit $r\to\infty$, należy zastąpić równania (4.1.15), (4.2.10) i

$$G_\ell^{(+)}(r,r')=-\phi_\ell(k,r_<)f_\ell(k,r_>)/\Im_\ell(k) \qquad (4.2.13)$$

po pierwsze w równaniu (4.2.12), ocena sumowania i wykorzystania relacji (3.1.40) i (3.3.7) [16,17] prowadzi do

$$A=-\sum_{L=0}^{\ell}\frac{e^{i(L+\ell+1)\pi/2}(-2k)^{2\ell+1}(\ell+L)!\Gamma(\ell+1+i\eta)\Gamma(1-\ell-L)\Gamma(\ell-L+2)}{(2q)^L[-i(k+q)]^{\ell-L+2}L!(\ell-L)!\Gamma(2\ell+2)\Gamma(2+i\eta-L)}.$$
$$\times{}_2F_1\left(\ell+1+i\eta,\ell-L+2;2+i\eta-L;\frac{q-k}{q+k}\right)$$

(4.2.14)

Połączenie równań (4.2.12) i (4.2.14) daje pożądane wyrażenie dla integralnej transformacji funkcji Coulombowskiej Zieleni fizycznej

$$\overline{G}_\ell^{C(+)}(r,q)=-\sum_{L=0}^{\ell}\left[i^{(2L-\ell)}\frac{(-2ik)^{2\ell+1}(\ell+L)!\Gamma(\ell+1+i\eta)\Gamma(1-\ell-L)\Gamma(\ell-L+2)}{(2iq)^L[-i(k+q)]^{\ell-L+2}L!(\ell-L)!\Gamma(2\ell+2)\Gamma(2+i\eta-L)}\right.$$
$$\times{}_2F_1\left(\ell+1+i\eta,\ell-L+2;2+i\eta-L;\frac{q-k}{q+k}\right)\Phi(\ell+1+i\eta,2\ell+2;-2ikr)$$
$$\left.-\frac{e^{i(2L-\ell)\pi/2}(-2ik)^{L+\ell-1}(\ell+L)!}{(2iq)^L L!(\ell-L)!}\Lambda_{\rho,\sigma}(\ell+1+i\eta,2\ell+2;-2ikr)\right]r^{\ell+1}e^{ikr}.$$

(4.2.15)

Wyrażenie "for" $\overline{G}_\ell^{C(+)}(r,-q)$ otrzymuje się przez $q\ -q$ zastąpienie powyższego równania równaniem zgodnie z równym wzorem (3.2.24). Wykorzystując równania (3.2.25) i (4.2.15) można napisać wyrażenie na fizyczny roztwór off-shell dla potencjału Coulomba. W celu zidentyfikowania roztworu Josta poza skorupą $f_\ell^C(k,q,r)$, fizyczny roztwór Josta wyrażony $\psi_\ell^{C(+)}(k,q,r)$ jest jako

$$\psi_\ell^{C(+)}(k,q,r)=\frac{(k^2-q^2)}{2i}\Bigg\{-\sum_{L=0}^{\ell}\Bigg[\frac{i^{(2L-\ell)}(-2ik)^{2\ell+1}(\ell+L)!\Gamma(\ell+1+i\eta)}{(2iq)^L[-i(k+q)]^{\ell-L+2}L!(\ell-L)!}\times$$
$$\frac{\Gamma(1-\ell-L)\Gamma(\ell-L+2)}{\Gamma(2\ell+2)\Gamma(2+i\eta-L)}\,{}_2F_1\left(\ell+1+i\eta,\ell-L+2;2+i\eta-L;\frac{q-k}{q+k}\right)\times$$
$$\Phi(\ell+1+i\eta,2\ell+2;-2ikr)-\frac{e^{i(2L-\ell)\pi/2}(-2ik)^{L+\ell-1}(\ell+L)!}{(2iq)^L L!(\ell-L)!}\times$$
$$\Lambda_{\rho,\sigma}(\ell+1+i\eta,2\ell+2;-2ikr)\Bigg]$$
$$+\sum_{L=0}^{\ell}\Bigg[\frac{e^{i(2L+\ell)\pi/2}(-2ik)^{2\ell+1}(\ell+L)!\Gamma(\ell+1+i\eta)\Gamma(1-\ell-L)\Gamma(\ell-L+2)}{(-2iq)^L[-i(k-q)]^{\ell-L+2}L!(\ell-L)!\Gamma(2\ell+2)\Gamma(2+i\eta-L)}$$
$$\times{}_2F_1\left(\ell+1+i\eta,\ell-L+2;2+i\eta-L;\frac{q+k}{q-k}\right)\Phi(\ell+1+i\eta,2\ell+2;-2ikr)$$
$$-\frac{e^{i(2L+\ell)\pi/2}(-2ik)^{L+\ell-1}(\ell+L)!}{(-2iq)^L L!(\ell-L)!}\Lambda_{1-\rho,\sigma}(\ell+1+i\eta,2\ell+2;-2ikr)\Bigg]\Bigg\}r^{\ell+1}e^{ikr}$$
$$+\left(\frac{k}{q}\right)^{\ell}\left[\frac{f_\ell^C(k,q)-f_\ell^C(k,-q)}{2if_\ell^C(k)}\right]e^{-i\ell\pi/2}f_\ell^C(k,r)-\frac{\pi q}{2}T_\ell^C(k,q,k^2)e^{-i\ell\pi/2}f_\ell^C(k,r).$$

(4.2.16)

W powyższym równaniu dodaliśmy i odjęliśmy definicję półpowłoki T-matrycy T-matrycy, aby przekształcić ją w wymaganą formę do identyfikacji funkcji Jost off-shell. Porównując równanie (4.2.16) z równym (3.2.26), ogólną zależność między fizycznymi rozwiązaniami off-shellowymi a rozwiązaniami Josta [6,7], Coulombowe rozwiązanie Josta w postaci off-shellowej zidentyfikowano w sposób podany w równym modelu (4.1.18).4.3 Podejście oparte na bezpośredniej integracji

Roztwór off-shell Josta otrzymuje się [4] z konkretnego roztworu niejednorodnego równania Schrödingera. W odniesieniu do nieprawidłowej funkcji Greena relacja jest następująca

$$f_\ell^C(k,q,r) = (k^2 - q^2)e^{i\ell\pi/2}\int_r^\infty G_\ell^{C(I)}(r,r')\hat{h}_\ell^{(+)}(qr')dr' \quad .$$

(4.3.1)

Oto $G_\ell^{C(I)}(r,r')$ funkcja Coulomb'a irregular Green'a [3] zdefiniowana w par. 4.1.15. Z uwagi na równania (4.1.15) i (4.1.2), równania. (4.3.1) może być wyrażony jako

$$f_\ell^C(k,q,r) = (k^2 - q^2)e^{i\ell\pi/2}\sum_{L=0}^{\ell}\left[\frac{(i)^{(2L-\ell)}(2ik)^{2\ell+1}(\ell+L)!\Gamma(\ell+1+i\eta)}{(2iq)^L L!(\ell-L)!\Gamma(2\ell+2)} \underset{\varepsilon\to 0}{Lt}\left\{r^{\ell+1}e^{ikr}\right.\right.$$
$$\times\Phi(\ell+1+i\eta,2\ell+2;-2ikr)\int_0^\infty dr'r'^{\ell-L+1}e^{-[\varepsilon-i(k+q)]r'}\Psi(\ell+1+i\eta,2\ell+2;-2ikr') - r^{\ell+1}$$
$$\left.\times e^{ikr}\Psi(\ell+1+i\eta,2\ell+2;-2ikr)\int_0^\infty dr'r'^{\ell-L+1}e^{-[\varepsilon-i(k+q)]r'}\Phi(\ell+1+i\eta,2\ell+2;-2ikr')\right\}$$
$$+ r^{\ell+1}e^{ikr}\Psi(\ell+1+i\eta,2\ell+2;-2ikr)\int_0^r dr'r'^{\ell-L+1}e^{i(k+q)r'}\Phi(\ell+1+i\eta,2\ell+2;-2ikr')$$
$$\left.- r^{\ell+1}e^{ikr}\Phi(\ell+1+i\eta,2\ell+2;-2ikr)\int_0^r dr'r'^{\ell-L+1}e^{i(k+q)r'}\Psi(\ell+1+i\eta,2\ell+2;-2ikr')\right].$$

(4.3.2)

Ocena całek w równaniu (4.3.2), niektórych manipulacji algebraicznych i przestawień za pomocą relacji [16,17,18] (3.1.35), (3.1.39), (3.1.40), (3.3.7) i (3.3.8) prowadzi do pożądanego wyrażenia dla rozwiązania Josta poza skorupą, $f_\ell^C(k,q,r)$ jak to uzyskano w równaniu (4.1.18).

4.4 Podejście do funkcji sturmańskich

W tej części będziemy szukać innego podejścia do problemu transformacji Hankla poprzez wykorzystanie terminu po terminie reprezentacji serii Sturm [19,20] funkcji państwa związanego Coulomb Greena, a uzyskany w ten sposób wynik będzie kontynuowany analitycznie, aby uzyskać $\overline{G}_\ell^{C(+)}(r,q)$. Istota tej metody polega na tym, że termin po terminie można oddzielić ekspansję operatora Coulomb Greena. Jeśli całkowita interakcja zawiera również potencjał Coulomba, który jest utrzymywany u operatora Greena i tym samym pozwala uniknąć wszystkich trudności związanych z typowym problemem Coulomba.

$G_\ell^C(r,r')$ Dla funkcji stanu granicznego Coulomb Greena operator Greena [19,20] odczytuje jako

$$G_\ell^C = \sum_{n=\ell+1}^{\infty} -\frac{n}{n-s/k} G_{0\ell}\,|\lambda_n\ell\rangle\langle\lambda_n\ell|\,G_{0\ell} \qquad .$$

(4.4.1)

Tutaj stany Sturm $|\lambda_n\ell\rangle$ to stany rodzime z [$V_\ell G_{0\ell}$ 19,21] reprezentowane przez

$$V_\ell G_{0\ell}(-k^2)|\lambda_n\ell\rangle = \lambda_n|\lambda_n\ell\rangle, \qquad n=\ell+1,\ell+2,........ \qquad (4.4.2)$$

z energią $-k^2>0$. Ilości i V_ℓ $G_{0\ell}$ oznaczają częściowo prognozowany potencjał i wolne cząstki operatora Green'a. Relacja między państwem związanym z Coulombiem $|\kappa_n\ell\rangle$ $|\lambda_n\ell\rangle$ a państwami sturmańskimi jest podana przez

$$|\kappa_n\ell\rangle = \sqrt{2}\,\kappa_n\, G_{0\ell}|\lambda_n\ell\rangle \qquad (4.4.3)$$

Integralna transformacja fizycznej funkcji Coulomba Greena z funkcją Riccattiego Hankela $\hat{h}_\ell^{(+)}(qr)$ jest zapisana jako

$$\langle r|G_\ell^C|\hat{h}_\ell^{(+)}q\rangle=\sum_{n=\ell+1}^{\infty}-\frac{n}{n-s/\kappa_n}\langle r|G_{0\ell}|\lambda_n\ell\rangle\langle\lambda_n\ell|G_{0\ell}|\hat{h}_\ell^{(+)}q\rangle \quad .$$

(4.4.4)

Dwie całki wchodzące w skład powyższego równania można dość łatwo ocenić. Ilość ta $\langle r|G_{0\ell}|\lambda_n\ell\rangle$ jest związana z Coulombowską funkcją energii własnej w stanie związanym jako

$$\langle r|\kappa_n\ell\rangle=\left[\frac{\kappa_n}{n}\left[\frac{\Gamma(n-1)}{\Gamma(n+\ell+1)}\right]\right]^{1/2}(2\kappa_n r)^{\ell+1}e^{-\kappa_n r}L_{n-\ell-1}^{2\ell+1}(2\kappa_n r) \quad .$$

(4.4.5)

$L_p^\alpha(z)$ Związany z tym wielomian Laguerre'a związany jest z hipergeometryczną funkcją konfluzyjną poprzez następującą zależność [22]

$$L_p^\alpha(z)=\frac{\Gamma(p+\alpha+1)}{\Gamma(\alpha+1)\Gamma(p+1)}\,{}_1F_1(-p;\alpha+1;z) \quad .$$

(4.4.6)

Drugi element $\langle\lambda_n\ell|G_{0\ell}|\hat{h}_\ell^{(+)}q\rangle$ jest oceniany w celu uzyskania

$$\langle\lambda_n\ell|G_{0\ell}|\hat{h}_\ell^{(+)}q\rangle=\int_0^\infty dr\langle\lambda_n\ell|G_{0\ell}|r\rangle\hat{h}_\ell^{(+)}(qr)$$

$$=\left[\frac{2\kappa_n}{n}\left[\frac{\Gamma(n+\ell+1)}{\Gamma(n-\ell)}\right]\right]^{1/2}\frac{(2\kappa_n)^{\ell+2}}{2\Gamma(2\ell+2)}\sum_{L=0}^{\ell}\frac{e^{i(2L-\ell)\pi/2}(\ell-L+1)\Gamma(L+\ell+1)}{(2iq)^L\Gamma(L+1)(\kappa_n-iq)^{(\ell-L+2)}} \quad (4.4.7)$$

$$\times{}_2F_1\left(\ell-n+1,\ell-L+2;2\ell+2;\frac{2\kappa_n}{\kappa_n-iq}\right).$$

Do uzyskania powyższego wyniku wykorzystaliśmy zależność [22] (3.1.3) i (3.1.39)

Kombinacja ekwiwalentu (4.4.4) wraz z ekwiwalentami (4.4.6) i (4.4.7) plonów

$$\langle r|G_\ell^C|\hat{h}_\ell^{(+)}q\rangle = -\frac{(2\kappa_n)^{2\ell+5} r^{\ell+1} e^{-\kappa_n r}}{(2\Gamma(2\ell+2))^2}\sum_{L=0}^{\ell}\frac{e^{i(2L-\ell)\pi/2}(\ell-L+1)\Gamma(L+\ell+1)}{\Gamma(L+1)(\kappa_n-iq)^{(\ell-L+2)}}$$
$$\times\sum_{j=0}^{\infty}\frac{\Gamma(j+2\ell+2)}{(j+\ell+1-s/\kappa_n)\Gamma(j+1)}\,{}_1F_1(-j;2\ell+2;2\kappa_n r)\times \qquad (4.4.8)$$
$${}_2F_1\left(-j,\ell-L+2;2\ell+2;\frac{2\kappa_n}{\kappa_n-iq}\right),\qquad j=n-\ell-1.$$

Wyrażenie w równaniu (4.4.8) może być kontynuowane analitycznie poprzez zastąpienie go przez κ_n i $-ik$ przez $-s/\kappa_n$ $i\eta$ posiadanie

$$\langle r|G_\ell^C|\hat{h}_\ell^{(+)}q\rangle = -\frac{(2k)^{2\ell+5} r^{\ell+1} e^{ikr}}{(2\Gamma(2\ell+2))^2}\sum_{L=0}^{\ell}\frac{e^{i(L-2\ell+1)\pi/2}(\ell-L+1)\Gamma(L+\ell+1)}{\Gamma(L+1)(k+q)^{(\ell-L+2)}}\times$$
$$\sum_{j=0}^{\infty}\frac{\Gamma(j+2\ell+2)}{(j+\ell+1+i\eta)\Gamma(j+1)}\,{}_1F_1(-j;2\ell+2;-2ikr)\times \qquad (4.4.9)$$
$${}_2F_1\left(-j,\ell-L+2;2\ell+2;\frac{2k}{k+q}\right).$$

Aby usunąć nieskończoną sumę z powyższego równania, zmieniliśmy układ pojęć w nieskończonej serii i wykorzystaliśmy zależności (3.1.18), (3.1.21), (3.3.8), (4.2.10) [12-14,16-18] oraz

$$\theta_\sigma(a;c;z) = \frac{z^\sigma}{\sigma(\sigma+c-1)}\,{}_2F_2(1,c+a;\sigma+1,\sigma+c;z) \qquad (4.4.10)$$

w celu uzyskania

$$\overline{G}_\ell^{C(+)}(r,q) = \langle r|G_\ell^C|\hat{h}_\ell^{(+)}q\rangle = -\sum_{L=0}^{\ell}M_L(k,q)[A_L(k,q)\varphi_\ell^C(k,r)$$
$$-(-2ik)^{L-\ell-2}\, r^{\ell+1}e^{ikr}\Lambda_{\rho,\sigma}(\ell+1+i\eta;2\ell+2;-2ikr)] \qquad (4.4.11)$$

z

$$M_L(k,q)=\frac{(-2ik)^{2\ell+1}e^{i(2L-\ell)\pi/2}\Gamma(L+\ell+1)}{(-2iq)^L\Gamma(L+1)\Gamma(\ell-L+1)},$$

(4.4.12)

$$A_L(k,q)=\frac{\Gamma(1+i\eta+\ell)\Gamma(1-L-\ell)\Gamma(\ell-L+2)}{(-i(k+q))^{(\ell-L+2)}\Gamma(2\ell+2)\Gamma(2+i\eta-L)}\left(\frac{q+k}{2k}\right)^{2\ell+1}\times$$
$${}_2F_1\left(1-\ell-L,i\eta-\ell;\,2+i\eta-L;\,\frac{q-k}{q+k}\right)$$

(4.4.13)

Tak więc, za wiedzą i $\overline{G}_\ell^{C(+)}(r,q)$ $\overline{G}_\ell^{C(+)}(r,-q)$ w połączeniu z Eqs. (3.2.25) można napisać jednoznaczne wyrażenie dla rozwiązania fizycznego off-shell i w konsekwencji zidentyfikować rozwiązanie off-shell Jost dla rozważanej interakcji.

Kilka użytecznych sprawdzeń dotyczy wyrażenia Coulombowskiego rozwiązania Jost off-shell, ze szczególnym naciskiem na jego ograniczające zachowanie i nieciągłość w skorupie. Na granicy żadnego pola Coulomba, $\eta=0$ $f_\ell^C(k,q,r)$ przechodzi do wolnej cząstki pierwszej. Można również sprawdzić, czy $f_\ell^C(k,q,r)\to f_\ell^C(k,q)$ podobnie jak przy $r\to 0$ użyciu faktów [8,10], że i $\Psi(a,c;z)_{z\to 0}\to z^{1-c}\Gamma(c-1)/\Gamma(a)$ $\Phi(a,c;z)_{z\to 0}\to 1$ w połączeniu ze stosunkiem (4.1.5). Dla potencjału Coulomba rozwiązanie Josta poza skorupą i funkcja wykazują nieciągłość w skorupie energetycznej. Zachowanie ograniczające na skorupie i $f_\ell^C(k,q,r)$ $f_\ell^C(k,q)$ jest określane przez czynnik pojedynczy $(q-k)^{-i\eta}$. Funkcję tę $f_\ell^C(k,r)$ można uzyskać z odpowiadającej jej ilości poza skorupą za pomocą zależności [6,7].

$$f_\ell^C(k,r) = \lim_{q\to k} \omega f_\ell^C(k,q,r), \quad k>0 \qquad (4.4.14)$$

z

$$\omega = \frac{e^{\pi\eta/2}}{\Gamma(1+i\eta)}\left(\frac{q-k}{q+k}\right)^{i\eta} .$$

(4.4.15)

Inna przydatna kontrola polega na $f_\ell^C(k,q,r)$ wykazaniu, że $f_\ell^C(k,q,r) \underset{r\to\infty}{\to} e^{iqr}$.

Następny rozdział poświęcony jest konstruowaniu dokładnego wyrażenia analitycznego dla off-shellowego rozwiązania Josta dla ruchu w zmodyfikowanym Coulombowskim rozdzielnym potencjale nielokalnym.

Referencje

[1] H. van Haeringen i R. van Wageningen, J. Math. Fizycznie. **16**, 1441 (1975).

[2] R. Jost, Helv. Phys. Acta. **20**, 256(1947).

R. G. Newton, *Scattering Theory of Waves and Particles* (Springer Verlag, NewYork, Inc. 1982), wydanie drugie.

[4] M. G. Fuda i J. S. Whiting, Phys. Rev. C **8**, 1255 (1973).

[5] M. G. Fuda, Phys. Rev. C **14**, 37 (1976).

[6] B. Talukdar, U. Laha i U. Das, Phys. Rev. A **43**, 1183 (1991).

[7] U. Laha i B. Talukdar, Pramana J. Phys. **36**, 289(1991).

[8] U. Laha i B. Kundu, Phys. Rev. A **71**, 032721 (2005).

[9] U. Laha, Phys. Rev. A **74**, 012710 (2006).

[10] U. Laha, Pramana- J. Phys. **67**, 357 (2006).

[11] U. Laha, Pramana- J. Phys. **72**, 457 (2009).

[12] A. W. Babister, *Transcendentalne funkcje satysfakcjonujące Nie-*

homogeniczne liniowe równania różniczkowe (MacMillan

Firma, Nowy Jork, 1967).

[13] L. J. Slater, *Confluent Hypergeometric Functions* (Cambridge

University Press, Nowy Jork, 1960).

H. Buchholz, *Funkcja Hipergeometryczna Konfluentu*

(Springer, Nowy Jork, 1969).

[15] U. Laha i B. Kundu, Turkish J. Phys. **34**, 149 (2010).

[16] A. Erdeyli, *Higher Transcendental Functions* (McGraw-Hill,

Nowy Jork, 1953) Tom 1.

[17] W. Magnus i F. Oberhettinger, *Formuły i twierdzenia dla*

Specjalne Funkcje Fizyki Matematycznej (Chelsea, Nowa

York, 1949).

[18] L. J. Slater, Generalized Hypergeometric Functions (Cambridge)

University Press, Cambridge, 1966).

M. Rotenberg, Adv. Na. Mol. Phys. **6**, 233 (1970).

[20] J. C. Y. Chen i A. C. Chen, In Advances in Atomic i

Fizyka molekularna **8**, 71 (1972).

[21] U. Laha, B. J. Roy i B. Talukdar, J. Phys. A **22**, 3597 (1989).

I. S. Gradshteyn i I. M. Ryzhik, *Tables of Integrals, Series and Products* (Academic Press, Londyn, 2000).

RozdziaP5

Off-shell Jost solution-Coulomb plus oddzielny potencjał

Dla naładowanych systemów hadronowych należy dodać potencjał Coulomba do oddzielnej interakcji. Wynikający z tego potencjał nie jest już możliwy do rozdzielenia. Nastąpił gwałtowny wzrost zainteresowania [1-10] teoretycznymi pytaniami dotyczącymi problemów nuklearnych Coulomba, z głównym naciskiem na ich pozakulisowe zachowanie. Wcześniej w podejściu do problemu wykorzystano wersję formuły dwupotencjałowej używanej przez Bajzera [11]. Rozważany jest tu nieco inny punkt widzenia. Potencjał Coulomba plus Graza jest podatny na obróbkę analityczną poprzez podejście r-przestrzenne i badane są właściwości związanych z nim ilości pozakomórkowych. Prezentując wyniki dla off-shellowego rozwiązania Josta rygorystycznie wprowadza się efekt Coulomba.

5.1 Zwykłe podejście oparte na równaniach różniczkowych

Rozwiązanie off-shell Jost $f_\ell(k,q,r)$ dla Coulomba plus Graz z możliwością rozdzielenia potencjału

spełnia niejednorodne równanie różniczkowe [12-15]

$$\left[\frac{d^2}{dr^2}+k^2-\frac{\ell(\ell+1)}{r^2}-\frac{2k\eta}{r}\right]f_\ell(k,q,r)=d_\ell(\beta_\ell,k,q)g_\ell(\beta_\ell,r)+(k^2-q^2)e^{i\ell\pi/2}\hat{h}_\ell^{(+)}(qr) \quad (5.1.1)$$

z

$$d_\ell(\beta_\ell,k,q)=\lambda_\ell\int_0^\infty ds\, g_\ell(\beta_\ell,s)f_\ell(k,q,s) \quad .$$

(5.1.2)

Oto $g_\ell(\beta_\ell,r)$ współczynnik kształtu potencjału rozdzielczego Grazu [16-18]. Zastępowanie

$f_\ell(k,q,r)=r^{\ell+1}e^{ikr}F_\ell(k,q,r)$ oraz (5 . $z=-2ikr$ 1.3)

w równaniu (5.1.1) prowadzi do

$$\left[z\frac{d^2}{dz^2}+(2\ell+2-z)\frac{d}{dz}-(\ell+1+i\eta)\right]F_\ell(k,q,z)=-\frac{1}{2ik}\sum_{n=0}^{\infty}\left[\frac{d_\ell(\beta_\ell,k,q)\gamma^n}{2^\ell\ell!n!}z^n\right.$$
$$\left.+(k^2-q^2)(-2ik)^\ell\sum_{L=0}^{\ell}\frac{(i)^{2L}(\ell+L)!}{L!(\ell-L)!}\left(-\frac{k}{q}\right)^L z^{n-\ell-L}\frac{\rho^n}{n!}\right]$$

(5.1.4)

z i $\gamma=(\beta_\ell+ik)/2ik$ $\rho=(k-q)/2k$. W związku z tym, biorąc pod uwagę równania (5.1.3) i (5.1.4), ogólne rozwiązanie [19] równania (5.1.1) jest zapisane jako

$$f_\ell(k,q,r)=\{A\Phi(\ell+1+i\eta,2\ell+2;-2ikr)+B\Psi(\ell+1+i\eta,2\ell+2;-2ikr)$$
$$-\frac{1}{2ik}\sum_{n=0}^{\infty}\left[\frac{d_\ell(\beta_\ell,k,q)}{2^\ell\ell!}\frac{\gamma^n}{n!}\theta_{n+1}(\ell+1+i\eta,2\ell+2;-2ikr)\right. \quad .$$
$$\left.\left.+(k^2-q^2)(-2ik)^\ell C_L(k,q)\times\frac{\rho^n}{n!}\theta_{n+1-\ell-L}(\ell+1+i\eta,2\ell+2;-2ikr)\right]\right\}r^{\ell+1}e^{ikr}$$

(5.1.5)

Tutaj

$$C_L(k,q)=\sum_{L=0}^{\ell}\frac{(i)^{2L}(\ell+L)!}{L!(\ell-L)!}\left(-\frac{k}{q}\right)^L \quad .$$

(5.1.6)

Wiadomo, że w limicie $r \to 0$ rozwiązanie Jost off-shell daje funkcję Jost zgodnie z (4.1.5). Jak $r \to 0$ wszystkie terminy RHS w równaniu (5.1.5) z wyjątkiem drugiego znikają. W związku z tym zastosowanie stanu granicznego na poziomie równym $r = 0$ (5.1.5) wraz z (4.1.5) daje następujące wyniki

$$B = C_B(k,q) f_\ell(k,q) \qquad (5.1.7)$$

z

$$C_B(k,q) = \frac{e^{i\ell\pi/2}(-2ik)^{2\ell+1}\Gamma(\ell+1+i\eta)(2\ell+1)!!}{q^\ell \Gamma(2\ell+2)} .$$

(5.1.8)

Funkcja Coulomb plus Graz off-shell Jost [7] to

$$f_\ell(k,q) = f_\ell^C(k,q) + \lambda_\ell \frac{(k^2-q^2)q^\ell}{(2\ell+1)!!} Y_\ell(k) \sum_{L=0}^{\ell} \frac{(i)^{L-\ell}(\ell+L)!}{D_\ell(k)(2q)^L L!(\ell-L)!} Z_\ell(\beta_\ell,k,q)$$

(5.1.9)

gdzie $f_\ell^C(k,q)$ jest Coulombowa funkcja Jost off-shell i inne ilości $Y_\ell(k)$, i są $Z_\ell(\beta_\ell,k,q)$

$$Y_\ell(k) = \int_0^\infty dr g_\ell(\beta_\ell,r)\, \phi_\ell^C(k,r) = \frac{\Gamma(2\ell+2)}{2^\ell \ell!(\beta_\ell^{\,2}+k^2)^{\ell+1}} \left(\frac{\beta_\ell - ik}{\beta_\ell + ik}\right)^{i\eta} ,$$

(5.1.10)

oraz

$$Z_\ell(\beta_\ell,k,q) = -\frac{(i)^{L-\ell-1}}{2ik\, 2^\ell \ell!} \frac{\partial^{\ell+1-L}}{\partial q^{\ell+1-L}} \times \sum_{n=0}^{\infty} \frac{\gamma^n}{n!} \underset{\varepsilon \to 0}{Lim} \int_0^\infty dr\, e^{-(\varepsilon - i(k+q))r} \theta_{n+1}(\ell+1+i\eta, 2\ell+2; -2ikr) .$$

(5.1.11)

Całość w równaniu (5.1.11) może być zapisana w kategoriach funkcji 2F1 (*) w taki sposób, że

$$I_{z\ell}(k,q)=\sum_{n=0}^{\infty}\frac{\gamma^n}{n!}\underset{\varepsilon\to 0}{Lim}\int_0^{\infty} dr\, e^{-(\varepsilon-i(k+q))r}\theta_{n+1}(\ell+1+i\eta,2\ell+2;-2ikr)$$
$$=\frac{2ik}{(k+q)^2}\sum_{n=0}^{\infty}\left(\frac{k-i\beta_\ell}{k+q}\right)^n\frac{1}{(2\ell+2+n)}\,{}_2F_1\left(1,n+\ell+2+i\eta;n+2\ell+3;\frac{2k}{k+q}\right)$$

(5.1.12)

Uzyskując powyższy wynik zastąpiliśmy wartość γ i wykorzystaliśmy [19] równanie (3.1.15). Po pewnych manipulacjach algebraicznych, za pomocą wzorów transformacyjnych [20-22] (3.1.17), (3.1.18) i (3.1.19) dochodzimy do

$$I_{z\ell}(k,q)=\frac{\Gamma(i\eta-\ell)\Gamma(2\ell+2)(q^2-k^2)^\ell}{(2k)^{2\ell}\Gamma(\ell+2+i\eta)(\beta_\ell-ik)}\left(\frac{q+k}{q-k}\right)^{i\eta}$$
$${}_2F_1\left(1,i\eta-\ell;\ell+2+i\eta;\frac{\beta_\ell+ik}{\beta_\ell-ik}\right)-\frac{\Gamma(2\ell+2)}{(\beta_\ell-ik)}\left(\frac{q+k}{2k}\right)^{2\ell}\times$$
$$\sum_{n=0}^{2\ell+1}\frac{(-1)^n}{(n-\ell+i\eta)n!\Gamma(2\ell+2-n)}\left(\frac{q-k}{q+k}\right)^n\times$$
$${}_2F_1\left(1,n-\ell+i\eta;n-\ell+1+i\eta;\frac{(q-k)(\beta_\ell+ik)}{(q+k)(\beta_\ell-ik)}\right)$$

(5.1.13)

Używając trzech poniższych określeń relacji rekurencyjności (3.1.21) [20,21] iteracyjnie w powyższym równaniu można przepisać Eq. (5.1.11) w równoważnej formie

$$Z_\ell(\beta_\ell,k,q)=\frac{(i)^{L-\ell}\Gamma(2\ell+2)}{2^\ell \ell!(2k)^{2\ell+1}}\frac{\partial^{\ell+1-L}}{\partial q^{\ell+1-L}}\left\{\frac{1}{\beta_\ell-ik}\left[\frac{\Gamma(i\eta-\ell)}{\Gamma(\ell+2+i\eta)}\left(\frac{q+k}{q-k}\right)^{i\eta}\times\right.\right.$$

$$(q^2-k^2)^\ell\ {}_2F_1\left(1,i\eta-\ell;\ell+2+i\eta;\frac{\beta_\ell+ik}{\beta_\ell-ik}\right)-\frac{(q+k)^{2\ell}}{(i\eta-\ell)\Gamma(2\ell+2)}\left(\frac{2ik}{\beta_\ell+ik}\right)^{2\ell+1}$$

$$\left.\left.\left\{{}_2F_1\left(1,i\eta-\ell;i\eta-\ell+1;\frac{(q-k)(\beta_\ell+ik)}{(q+k)(\beta_\ell-ik)}\right)-1\right\}-(q+k)^{2\ell}X_\ell(\beta_\ell,k,q)\right]\right\},$$

(5.1.14)

z

$$X_\ell(\beta_\ell,k,q)=\frac{1}{(i\eta-\ell)\Gamma(2\ell+2)}-\frac{(q-k)(\beta_\ell-ik)}{(q+k)(\beta_\ell+ik)(i\eta-\ell+1)}\times$$

$$\sum_{n=0}^{2\ell-1}\frac{(-1)^n}{\Gamma(n+3)\Gamma(2\ell-n)}\left(\frac{\beta_\ell-ik}{\beta_\ell+ik}\right)^n$$

$$({}_2F_1)_{n+1}\left(1,i\eta-\ell+1;i\eta-\ell+2;\frac{(q-k)(\beta_\ell+ik)}{(q+k)(\beta_\ell-ik)}\right)$$

(5.1.15)

W tym przypadku $({}_2F_1)_{n+1}(*)$ pierwsze $(n+1)$ warunki serii hipergeometrycznej z podanymi parametrami oraz $D_\ell(k)$ determinant Fredholm związany z regularnymi/nieregularnymi warunkami brzegowymi [13].

$$D_\ell(k)=1-\lambda_\ell\int_0^\infty\int_0^r dr\,dr'\,g_\ell(\beta_\ell,r)\,G_\ell^{C(R)}(r,r')\,g_\ell(\beta_\ell,r')$$

$$=1-\frac{\lambda_\ell\,2^{-2\ell}(\ell!)^{-2}\Gamma(2\ell+2)}{(\ell+1+i\eta)(\beta_\ell-ik)}\left[(\beta_\ell^2+k^2)^{-\ell-1}\left(\frac{\beta_\ell-ik}{\beta_\ell+ik}\right)^{i\eta}\times\right.$$

$${}_2F_1\left(1,i\eta-\ell;\ell+2+i\eta;\frac{\beta_\ell+ik}{\beta_\ell-ik}\right)-\frac{(2\beta_\ell)^{-2\ell-1}}{\beta_\ell-ik}\times \tag{5.1.16}$$

$$\left.{}_2F_1\left(1,i\eta-\ell;\ell+2+i\eta;\left(\frac{\beta_\ell+ik}{\beta_\ell-ik}\right)^2\right)\right].$$

Ze względu na równanie (5.1.7), rozwiązanie Coulomba plus Graza w skorupce Josta zostaje przepisane jako

$$f_\ell(k,q,r)=\{A\Phi(\ell+1+i\eta,2\ell+2;-2ikr)+C_B(k,q)f_\ell(k,q)$$
$$\Psi(\ell+1+i\eta,2\ell+2;-2ikr)-\frac{1}{2ik}\sum_{n=0}^{\infty}\left[\frac{d_\ell(\beta_\ell,k,q)}{2^\ell\ell!}\frac{\gamma^n}{n!}\right.$$
$$\theta_{n+1}(\ell+1+i\eta,2\ell+2;-2ikr)+(k^2-q^2)$$
$$\left.\left.\times(-2ik)^\ell C_L(k,q)\frac{\rho^n}{n!}\theta_{n+1-\ell-L}(\ell+1+i\eta,2\ell+2;-2ikr)\right]\right\}r^{\ell+1}e^{ikr}$$

(5.1.17)

Aby wziąć limit $r\rightarrow\infty$ na ocenę stałą A, pierwszym zadaniem jest napisanie Eq. (5.1.17) w odpowiedniej formie. W tym celu dwa ostatnie terminy w równaniu (5.1.17) są wyrażone w postaci nieokreślonych całek obejmujących funkcję Coulomb'a regularnego Green'a [15,23,24]. W ten sposób, za pomocą przykładów (4.1.10) i (4.1.13), można napisać

$$-\frac{r^{\ell+1}e^{ikr}}{2ik2^\ell\ell!}\sum_{n=0}^{\infty}\frac{\gamma^n}{n!}\theta_{n+1}(\ell+1+i\eta,2\ell+2;-2ikr)=\int_0^r G_\ell^{C(R)}(r,r')g_\ell(\beta_\ell,r')dr'$$

(5.1.18)

oraz

$$(k^2-q^2)(-2ik)^{\ell-1}C_L(k,q)r^{\ell+1}e^{ikr}\sum_{n=0}^{\infty}\frac{\rho^n}{n!}\theta_{n+1-\ell-L}(\ell+1+i\eta,2\ell+2;-2ikr)$$
$$=e^{i\ell\pi/2}\int_0^r G_\ell^{C(R)}(r,r')(k^2-q^2)\hat{h}_\ell^{(+)}(qr')dr'$$

(5.1.19)

Po Fuda i Whiting [25] szczególna integralna część równania (5.1.1) wyrażona jest jako

$$f_\ell(k,q,r)=(k^2-q^2)e^{i\ell\pi/2}\int_r^\infty G_\ell^{C(I)}(r,r')\hat{h}_\ell^{(+)}(qr')dr'$$
$$+d_\ell(\beta_\ell,k,q)\int_r^\infty G_\ell^{C(I)}(r,r')\hat{h}_\ell^{(+)}(qr')dr'$$

(5.1.20)

Zestawienie współczynników (5.1.17)-(5.1.20) wraz z współczynnikami (4.1.10) i (4.1.15) plonów

$$M_{1\ell}(k,q,\beta_\ell)r^{\ell+1}e^{ikr}\Phi(\ell+1+i\eta,2\ell+2;-2ikr)$$
$$+M_{2\ell}(k,q,\beta_\ell)r^{\ell+1}e^{ikr}\Psi(\ell+1+i\eta,2\ell+2;-2ikr)=0$$

(5.1.21)

z

$$M_{1\ell}(\beta_\ell,k,q)=A+\frac{d_\ell(\beta_\ell,k,q)}{\Im_\ell^C(k)}\int_0^\infty dr'\,g_\ell(\beta_\ell,r')f_\ell^C(k,r')$$
$$+\frac{e^{i\ell\pi/2}(k^2-q^2)}{\Im_\ell^C(k)}\int_0^\infty dr'\hat{h}_\ell^{(+)}(qr')f_\ell^C(k,r') \quad (5.1.22)$$

oraz

$$M_{2\ell}(\beta_\ell,k,q)=C_B(k,q)f_\ell(k,q)-\frac{d_\ell(\beta_\ell,k,q)e^{-i(\ell+1)\pi/2}e^{\pi\eta/2}}{(2k)^{-(\ell+1)}\Im_\ell^C(k)}\times \quad (5.1.23)$$
$$\int_0^\infty dr'\,g_\ell(\beta_\ell,r')\phi_\ell^C(k,r')+\frac{e^{i\ell\pi/2}e^{\pi\eta/2}(k^2-q^2)}{(2k)^{-(\ell+1)}\Im_\ell^C(k)}\int_0^\infty dr'\hat{h}_\ell^{(+)}(qr')\phi_\ell^C(k,r').$$

Analogicznie do czystego przypadku Coulomba współczynnik $r^{\ell+1}e^{ikr}\Psi(\ell+1+i\eta,2\ell+2;-2ikr)$ w równiku (5.1.21) musi być równy zeru, tak aby

$$A=-\frac{2^{-\ell}(\ell!)^{-1}d_\ell(\beta_\ell,k,q)}{(\ell+1+i\eta)(\beta_\ell-ik)}{}_2F_1\left(1,i\eta-\ell;\ell+2+i\eta;\frac{\beta_\ell+ik}{\beta_\ell-ik}\right)$$
$$-(-1)^{\ell+1}\frac{e^{i(\ell+1)\pi/2}\Gamma(\ell+1+i\eta)}{(k+q)^{-\ell}\Gamma(2\ell+2)}(q-k)\sum_{L=0}^{\ell}\frac{(\ell+L)!(\ell-L+1)\Gamma(1-\ell-L)}{L!\Gamma(2+i\eta-L)} \quad (5.1.24)$$
$$\times\left(\frac{q+k}{2q}\right)^L{}_2F_1\left(1-\ell-L,i\eta-\ell;2+i\eta-L;\frac{q-k}{q+k}\right)$$

oraz

$$d_\ell(\beta_\ell,k,q)=\frac{e^{i\ell\pi/2}\Gamma(2\ell+2)}{(2q)^\ell\,\ell!Y_\ell(k)}f_{\ell(ad)}(k,q) \quad (5.1.25)$$

gdzie

$$f_{\ell(ad)}(k,q)=\left[f_\ell(k,q)-f_\ell^C(k,q)\right]$$
$$=\lambda_\ell\frac{(k^2-q^2)\ell!(2q)^\ell Y_\ell(k)}{\Gamma(2\ell+2)D_\ell(k)}\sum_{L=0}^{\ell}\frac{(i)^{L-\ell}(\ell+L)!}{(2q)^L L!(\ell-L)!}Z_\ell(\beta_\ell,k,q)$$

(5.1.26)

Kombinacja równań (5.1.6)-(5.1.9) wraz z (5.1.17), (5.1.24), (5.1.25) i (5.1.26) daje wyrażenie dla poza skorupą roztworu Josta dla Coulomba plus Graza potencjał rozdzielny jako

$$f_\ell(k,q,r)=f_\ell^C(k,q,r)+\lambda_\ell\frac{e^{i\ell\pi/2}(k^2-q^2)}{2^\ell\ell!D_\ell(k)}\sum_{L=0}^{\ell}\frac{(i)^{L-\ell}(\ell+L)!}{(2q)^L L!(\ell-L)!}$$
$$\times Z_\ell(\beta_\ell,k,q)\left[\frac{-1}{(\beta_\ell-ik)(\ell+1+i\eta)}{}_2F_1\left(1,i\eta-\ell;\ell+2+i\eta;\frac{\beta_\ell+ik}{\beta_\ell-ik}\right)\right.$$
$$\times\Phi(\ell+1+i\eta,2\ell+2;-2ikr)+\frac{(-2ik)^{2\ell+1}\Gamma(\ell+1+i\eta)}{(\beta_\ell^2+k^2)^{\ell+1}}\left(\frac{\beta_\ell-ik}{\beta_\ell+ik}\right)^{i\eta}$$
$$\left.\times\Psi(\ell+1+i\eta,2\ell+2;-2ikr)-\frac{1}{2ik}\sum_{n=0}^{\infty}\frac{\gamma^n}{n!}\theta_{n+1}(\ell+1+i\eta,2\ell+2;-2ikr)\right]r^{\ell+1}e^{ikr}$$

(5.1.27)

Wersja s-wave równika (5.1.27) dokładnie pokrywa się z wynikami refs. 15 & 24.

Niektóre przydatne kontrole wyników dla rozwiązania Coulomb plus Graz off-shell Jost są teraz w porządku. W przypadku braku potencjału Grazu $\lambda_\ell = 0$, tj. $f_\ell(k,q,r)$ idzie do czystego rozwiązania Coulomb Josta $f_\ell^C(k,q,r)$. Jeżeli interakcja Coulomba jest wyłączona [$\eta = 0$] $f_\ell(k,q,r)$ staje się identyczna z rozwiązaniem Graz off-shell Jost. Kiedy oba λ_ℓ η idą na zero, odtwarzają wolną cząstkę pierwszą. As $r \to 0$, $f_\ell(k,q,r)_{r\to 0} \to f_\ell(k,q)$ funkcja Jost off-shell dla potencjału Coulomba plus Graza [13]. Inna użyteczna kontrola, ze szczególnym naciskiem na jej nieciągłość, polega na wykazaniu, że $f_\ell(k,r) = Lt_{q\to k} \dfrac{e^{\pi\eta/2}}{\Gamma(1+i\eta)}\left(\dfrac{q-k}{q+k}\right)^{i\eta} f_\ell(k,q,r)$. Potencjał Yamaguchi jest częścią s-falowego potencjału wydzielanego przez Graz. Tak więc, w odpowiednim limicie [$\ell = 0$] wynik dla $f_\ell(k,q,r)$ wydajności dla potencjału Coulomba plus Yamaguchiego [15,24, 26] brzmi jak

$$
\begin{aligned}
f^{CY}(k,q,r) &= f^C(k,q,r) + \lambda \frac{r\,e^{ikr}}{D(k)(1+i\eta)(\beta-ik)}\left[\left(\frac{q+k}{q-k}\right)^{i\eta} \times \right.\\
&\left. {}_2F_1\left(1,\, i\eta;\, 2+i\eta;\, \frac{\beta+ik}{\beta-ik}\right) + \frac{e^{i\pi/2}(q-k)}{(\beta-iq)}\,{}_2F_1\left(1,\, i\eta;\, 2+i\eta;\, \frac{(q-k)(\beta+ik)}{(q+k)(\beta-ik)}\right)\right]\\
&\left[\frac{1}{(1+i\eta)(\beta-ik)}\,{}_2F_1\left(1,\, i\eta;\, 2+i\eta;\, \frac{\beta+ik}{\beta-ik}\right)\right.\\
&\times \Phi(1+i\eta, 2; -2ikr) + \frac{2ik\,\Gamma(1+i\eta)}{(\beta^2+k^2)}\left(\frac{\beta-ik}{\beta+ik}\right)^{i\eta}\Psi(1+i\eta, 2; -2ikr)\\
&\left. + \frac{1}{2ik}\sum_{n=0}^{\infty}\frac{\gamma^n}{n!}\theta_{n+1}(1+i\eta,\, 2;\, -2ikr)\right]
\end{aligned}
$$

(5.1.28)

z Coulombowskim rozwiązaniem Josta.

$$f^C(k,q,r)=re^{ikr}\left\{\left[\frac{e^{i\pi/2}(q-k)}{(1+i\eta)}\right]{}_2F_1\left(1,i\eta;2+i\eta;\frac{(q-k)}{(q+k)}\right)\Phi(1+i\eta,2;-2ikr)\right.$$
$$-2ik\Gamma(1+i\eta)f^C(k,q)\Psi(1+i\eta,2;-2ikr)$$
$$\left.-\frac{(k^2-q^2)}{2ik}\sum_{n=0}^{\infty}\frac{\rho^n}{n!}\theta_{n+1}(1+i\eta,\ 2;\ -2ikr)\right\}$$

(5.1.29)

Potencjał Yamaguchiego z i [$\lambda=-2.405\,fm^{-3}$ $\beta=1.1\,fm^{-1}$ 27,28] zapewnia rozsądne dopasowanie do (p-p) rozpraszania danych. Obliczyliśmy $f^{CY}(k,q,r)$ i $f^Y(k,q,r)$ dla różnych wartości $r=0.1, 0.01\,\&\,0.0\,fm$ z rzeczywistym dodatnim k i q przyjmując wartość graniczną $\mathrm{Im}\,q\to 0^+$ i przedstawiamy nasze wyniki na rysunkach 1 i 2 w funkcji momentu pędu off-shell q dla energii laboratoryjnych odpowiednio 10 i 30 MeV. Wartości rozwiązań off-shell Jost dla czystego potencjału Yamaguchi zostały uzyskane poprzez wyłączenie interakcji Coulomba w numerycznej rutynie dla $f^{CY}(k,q,r)$. Dlatego też te dwa zestawy liczb, a mianowicie te dla i $f^{CY}(k,q,r)$ $f^Y(k,q,r)$ mają stanowić podstawę do przyjrzenia się roli interakcji Coulomba w rozpraszaniu (p-p) poza skorupą [14,29]. Zgodnie z oczekiwaniami $f^Y(k,q,r)$ jest to ciągła funkcja rozmachu off-shell q . W przeciwieństwie do tego $f^{CY}(k,q,r)$ wykazuje nieciągłość w punkcie na skorupie $q=k$. Obserwuje się, że i $\mathrm{Re}\,f^Y(k,q,r)$ $\mathrm{Re}\,f^{CY}(k,q,r)$ $r=0.1, 0.01\&\,0.0\,fm$ mają wartości dodatnie w całym zakresie danej zmiennej q, natomiast $\mathrm{Im}\,f^Y(k,q,r)$ $\mathrm{Im}\,f^{CY}(k,q,r)$ mają wartości ujemne w całym zakresie dla $r=0.01\&\,0.0\,fm$ znaku zmiany i przy $q=2.75\&\,2.50\,fm^{-1}$ znaku zmiany odpowiednio $r=0.1\ fm$ dla 10 i 30 MeV. Powszechnie wiadomo, że jak $r\to 0$

$f(k,q,r) \to f(k,q)$ i patrząc uważnie na nasze dane, widzimy, że nasze wyniki liczbowe to potwierdzają.

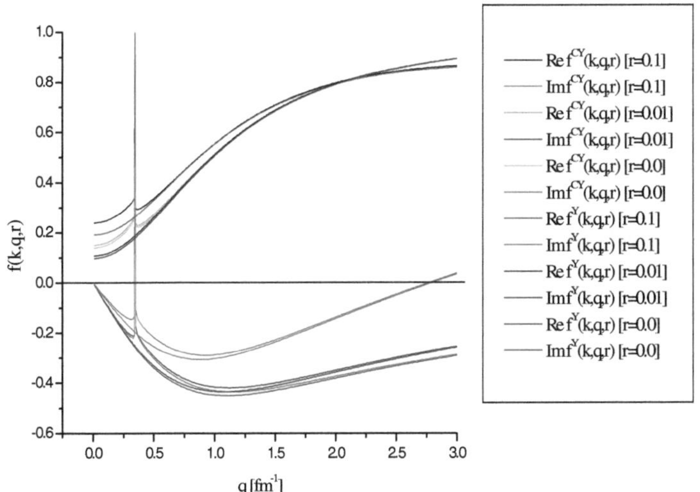

Rysunek 1. Rozwiązania typu off-shell Jost w funkcji momentu pędu off-shell q dla

różne wartości odległości r z energią laboratoryjną 10 MeV.

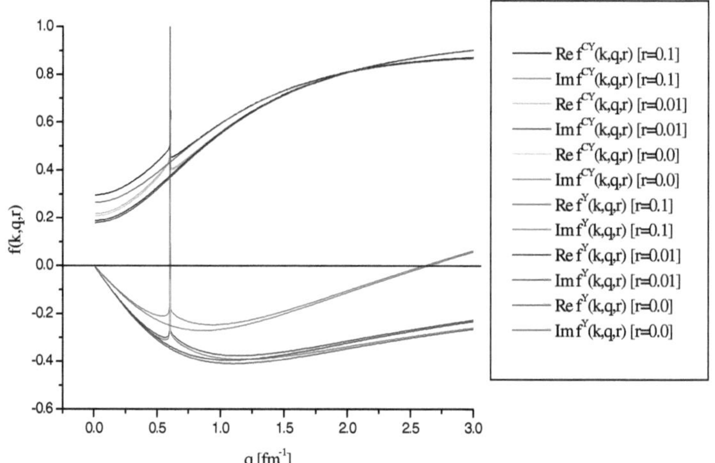

Rysunek 2. Rozwiązania typu off-shell Jost w funkcji momentu pędu off-shell q dla

różne wartości odległości z energią laboratoryjną 30 MeV.

5.2 Integralne przekształcenie funkcji Zielonych

Fizyczna funkcja Green dla potencjału rozdzielczego Coulomba plus Graz spełnia niejednorodne równanie różniczkowe.

$$\left[\frac{d^2}{dr^2}+k^2-\frac{\ell(\ell+1)}{r^2}-\frac{2k\eta}{r}\right]G_\ell^{(+)}(r,r')=d_\ell^{(+)}(\beta_\ell,k,r')g_\ell(\beta_\ell,r)+\delta(r-r')$$

(5.2.1)

z

$$d_\ell^{(+)}(\beta_\ell,k,r')=\lambda_\ell\int_0^\infty ds g_\ell(\beta_\ell,s)G_\ell^{(+)}(s,r') \quad .$$

(5.2.2)

Niech funkcja będzie powiązana $F_\ell(r,r')$ z

$$G_\ell^{(+)}(r,r')=r^{\ell+1}e^{ikr}F_\ell(r,r') \quad .$$

(5.2.3)

Następnie przekształcenie całkowite $\overline{F}(r,q)=[F(r,r');r'\to q]$ jest związane z

$$\overline{G}_\ell^{(+)}(r,q)=r^{\ell+1}e^{ikr}\overline{F}(r,q) \qquad (5.2.4)$$

Przekształcenie (5.2.3) przekształca równanie (5.2.1) w niejednorodne, zbieżne równanie hipergeometryczne spełnione przez funkcję $\overline{F}(r,q)$. Równanie (5.2.3) dodaje się do równania (5.2.1), aby otrzymać

$$\left[r\frac{d^2}{dr^2}+(2\ell+2+2ikr)\frac{d}{dr}+\{2ik(\ell+1)+2k\eta)\}\right]F_\ell(r,r')=r^{-\ell}e^{-ikr}\delta(r-r') + \frac{d_\ell^{(+)}(\beta_\ell,k,r')}{2^\ell\,\ell!}e^{-(\beta_\ell+ik)r} \quad .$$

(5.2.5)

Przyjmując integralną transformację równania (5.2.5) z $\hat{h}_\ell^{(+)}(qr')$ $[r'\to q]$ i zmieniając niezależną zmienną o $z=-2ikr$ jedną ma

$$\left[z\frac{d^2}{dz^2}+(2\ell+2-z)\frac{d}{dz}+(\ell+1+i\eta)\right]\overline{F}_\ell(z,q)=\sum_{L=0}^{\ell}\frac{(i)^{2L-1}(-1)^{L+\ell-1}(\ell+L)!}{L!(\ell-L)!2^{-\ell+1}q^L k^{1-L-\ell}}$$
$$\times\sum_{n=0}^{\infty}\frac{\rho^n}{n!}z^{n-\ell-L}-\frac{d_\ell^{(+)}(\beta_\ell,k,q)}{2ik2^\ell\ell!}\sum_{n=0}^{\infty}\frac{\gamma^n}{n!}z^n$$

(5.2.6)

z i $\rho=\left(\frac{k-q}{2k}\right)$ $\gamma=\left(\frac{\beta_\ell+ik}{2ik}\right)$. Ilość ta $d_\ell^{(+)}(\beta_\ell,k,q)$ jest podana przez

$$d_\ell^{(+)}(\beta_\ell,k,q)=\int_0^\infty dr'\hat{h}_\ell^{(+)}(qr')d_\ell^{(+)}(\beta_\ell,k,r')$$
$$=\lambda_\ell\int_0^\infty\int_0^\infty dr\,dr'\hat{h}_\ell^{(+)}(qr')G_\ell^{(+)}(r,r')g_\ell(\beta_\ell,r)$$

(5.2.7)

Równanie (5.2.6) reprezentuje niejednorodne, zbieżne, hipergeometryczne równanie różnicowe [19]. Biorąc pod uwagę równania (5.2.3) i (5.2.4), kompletny prymitywny to

$$\overline{G}_\ell^{(+)}(r,q)=\left[A\Phi(\ell+1+i\eta,2\ell+2;-2ikr)+B\Psi(\ell+1+i\eta,2\ell+2;-2ikr)-\right.$$
$$\frac{(-2k)^\ell}{2ik}\sum_{L=0}^{\ell}\frac{(i)^{2L}(\ell+L)!}{L!(\ell-L)!}\left(-\frac{k}{q}\right)^L\Lambda_{\rho,\sigma}(\ell+1+i\eta,2\ell+2;-2ikr)$$
$$\left.-\frac{d_\ell^{(+)}(\beta_\ell,k,q)}{2ik2^\ell\ell!}\times\Lambda_{\gamma,1}(\ell+1+i\eta,2\ell+2;-2ikr)\right]r^{\ell+1}e^{ikr}$$

(5.2.8)

z $\sigma=1-\ell-L$. W celu określenia stałych A i B, warunki brzegowe $\overline{G}_\ell^{(+)}(r,q)$ będą stosowane rozsądnie na $r=0$ i $r\to\infty$. Wszystkie ilości w równaniu (5.2.8) z wyjątkiem zera $\Psi(\ell+1+i\eta,2\ell+2;-2ikr)$ w $r=0$. Tak więc, jeden ma $B=0$ i

$$\overline{G}_\ell^{(+)}(r,q) = \left\{ A\Phi(\ell+1+i\eta, 2\ell+2; -2ikr) - \frac{1}{2ik}\left[(-2k)^\ell \sum_{L=0}^{\ell} \frac{(i)^{2L}(\ell+L)!}{L!(\ell-L)!}\left(-\frac{k}{q}\right)^L \right.\right.$$

$$\left.\left. \times \Lambda_{\rho,\sigma}(\ell+1+i\eta, 2\ell+2; -2ikr) + \frac{d_\ell^{(+)}(\beta_\ell, k, q)}{2^\ell \ell!}\Lambda_{\gamma,1}(\ell+1+i\eta, 2\ell+2; -2ikr)\right]\right\} .$$

$$\times r^{\ell+1} e^{ikr}$$

(5.2.9)

Aby przyjąć limit $r \to \infty$, ilość $\overline{G}_\ell^{(+)}(r,q)$ jest wyrażona jako

$$\overline{G}_\ell^{(+)}(r,q) = \int_0^\infty dr' \hat{h}_\ell^{(+)}(qr') G_\ell^{(+)}(r,r')$$

$$= -k^{-1} e^{-i\ell\pi/2}\left[f_\ell(k,r)\int_0^r dr' \hat{h}_\ell^{(+)}(qr')\psi_\ell^{(+)}(k,r') + \psi_\ell^{(+)}(k,r)\int_r^\infty dr' \hat{h}_\ell^{(+)}(qr') f_\ell(k,r')\right],$$

(5.2.10)

gdzie

$$G_\ell^{(+)}(r,r') = -k^{-1} e^{-i\ell\pi/2}\psi_\ell^{(+)}(k,r_<) f_\ell(k,r_>) .$$

(5.2.11)

Tutaj i $r_<$ $r_>$ mają swoje zwykłe znaczenie. Funkcjonalność $\psi_\ell^{(+)}(k,r)$ $f_\ell(k,r)$ i skrót od "On-shell physical" i "Jost solutions for Coulomb plus Graz potential", napisane jako

$$\psi_\ell^{(+)}(k,r) = \psi_\ell^{C(+)}(k,r) + \frac{\lambda_\ell}{D_\ell^{(+)}(k)} U_\ell(\beta_\ell, k) I_\ell(\beta_\ell, k, r) \qquad (5.2.12)$$

oraz

$$f_\ell(k,r) = f_\ell^C(k,r) + \frac{\lambda_\ell}{D_\ell(k)} W_\ell(\beta_\ell, k) J_\ell(\beta_\ell, k, r) ,$$

(5.2.13)

gdzie

$$U_\ell(\beta_\ell,k)=\int_0^\infty dr\, g_\ell(\beta_\ell,r)\psi_\ell^{C(+)}(k,r)=\left[\frac{k^\ell\Gamma(\ell+1+i\eta)e^{-\pi\eta/2}}{(\ell!)(\beta_\ell^{\,2}+k^2)^{\ell+1}}\right]\left(\frac{\beta_\ell-ik}{\beta_\ell+ik}\right)^{i\eta},$$

(5.2.14)

$$I_\ell(\beta_\ell,k,r)=\int_0^\infty dr'\, g_\ell(\beta_\ell,r')G_\ell^{C(+)}(r,r')=-\frac{r^{\ell+1}e^{ikr}}{2ik\,2^\ell\,\ell!}\left[\frac{2ik}{(\ell+1+i\eta)(\beta_\ell-ik)}\right.$$
$$\times{}_2F_1\left(1,i\eta-\ell;\ell+2+i\eta;\frac{\beta_\ell+ik}{\beta_\ell-ik}\right)\Phi(\ell+1+i\eta,2\ell+2;-2ikr)$$
$$\left.+\sum_{n=0}^\infty\frac{\rho^n}{n!}\theta_{n+1}(\ell+1+i\eta,2\ell+2;-2ikr)\right],$$

(5.2.15)

$$W_\ell(\beta_\ell,k)=\int_0^\infty dr\, g_\ell(\beta_\ell,r)f_\ell^C(k,r)$$
$$=\frac{e^{i\ell\pi/2}e^{\pi\eta/2}\Gamma(2\ell+2)}{2^{\ell+1}k^\ell\ell!\Gamma(\ell+2+i\eta)(\beta_\ell-ik)^2}\,{}_2F_1\left(1,i\eta-\ell;\ell+2+i\eta;\frac{\beta_\ell+ik}{\beta_\ell-ik}\right)$$

(5.2.16)

oraz

$$J_\ell(\beta_\ell,k,r)=\int_r^\infty dr'\, g_\ell(\beta_\ell,r')G_\ell^{C(I)}(r,r')=I_\ell(\beta_\ell,k,r)+f_\ell^C(k,r)\,U_\ell(\beta_\ell,k)$$

(5.2.17)

z $D_\ell(k)$, wyznacznikiem Fredholm dla regularnych i nieregularnych warunków brzegowych oraz $D_\ell^{(+)}(k)$ dla fizycznych warunków brzegowych [13] zapisanym jako

$$D_\ell^{(+)}(k)=1-\lambda_\ell\int_0^\infty\int_0^\infty dr\,dr' g_\ell(\beta_\ell,r)\,G_\ell^{C(+)}(r,r')\,g_\ell(\beta_\ell,r')$$

$$=1+\lambda_\ell\left[\frac{\Gamma(2\ell+2)(\beta_\ell-ik)^{-2}}{2^{2\ell}(\ell!)^2(2\beta_\ell)^{2\ell+1}(\ell+1+i\eta)}\,{}_2F_1\left(1,i\eta-\ell;\ell+2+i\eta;\left(\frac{\beta_\ell+ik}{\beta_\ell-ik}\right)^2\right)\right].$$

(5.2.18)

Również dwa ostatnie terminy w równaniach (5.2.9) można wyrazić bezpośrednio w kategoriach zwykłej funkcji Coulomb Greena, jak pokazano w równaniach (5.1.18) i (5.1.29). Zastąpienie równoważników (5.2.10)-(5.2.17) w równaniu (5.2.9) limitem $r\to\infty$ i uwzględnienie faktu, że współczynniki $f_\ell^C(k,r)$ idą do zera, analogicznie do przypadku czystego Coulomba, daje jeden wynik

$$A=-\frac{1}{\Im_\ell^C(k)}\left\{\int_0^\infty dr\,\hat{h}_\ell^{(+)}(qr)\,f_\ell^C(k,r)+d_\ell^{(+)}(\beta_\ell,k,q)\int_0^\infty dr\,g_\ell(\beta_\ell,r)\,f_\ell^C(k,r)\right\}$$

(5.2.19)

oraz

$$d_\ell^{(+)}(\beta_\ell,k,q)=\frac{\lambda_\ell}{D_\ell^{(+)}(k)}\int_0^\infty dr\,\hat{h}_\ell^{(+)}(qr)\,I_\ell(\beta_\ell,k,r).$$

(5.2.20)

Ocena całek w powyższych równaniach prowadzi do

$$A=-\frac{e^{i\ell\pi/2}e^{\pi\eta/2}}{\Im_\ell^C(k)(2k)^\ell}\left[\frac{(-1)^\ell e^{i\pi/2}}{(k+q)^{-\ell+1}}\sum_{L=0}^{\ell}\frac{(\ell+L)!(\ell-L+1)\Gamma(1-\ell-L)}{L!\,\Gamma(2+i\eta-L)}\left(\frac{q+k}{2q}\right)^L\right.$$
$$\times{}_2F_1\left(1-\ell-L,i\eta-\ell;2+i\eta-L;\frac{q-k}{q+k}\right)+d_\ell^{(+)}(\beta_\ell,k,q)\frac{2^{-\ell}(\ell!)^{-1}\Gamma(2\ell+2)}{\Gamma(\ell+2+i\eta)(\beta_\ell-ik)}$$
$$\left.\times{}_2F_1\left(1,i\eta-\ell;\ell+2+i\eta;\frac{\beta_\ell+ik}{\beta_\ell-ik}\right)\right]$$

(5.2.21)

z

$$d_\ell^{(+)}(\beta_\ell,k,q)=-\frac{\lambda_\ell}{2^\ell(\ell!)D_\ell^{(+)}(k)}\left\{\frac{q^{-\ell}\Gamma(2\ell+2)}{(k^2-q^2)(\beta_\ell-ik)}\frac{f_\ell^C(k,q)}{(\ell+1+i\eta)}\times\right.$$
$$\left.{}_2F_1\left(1,i\eta-\ell;\ell+2+i\eta;\frac{\beta_\ell+ik}{\beta_\ell-ik}\right)-\sum_{L=0}^{\ell}\frac{(i)^{L-\ell}(\ell+L)!}{(2q)^L L!(\ell-L)!}Z_\ell(\beta_\ell,k,q)\right\}$$

(5.2.22)

Ilość ta została $Z_\ell(\beta_\ell,k,q)$ już określona w równaniu (5.1.14). Kombinacja równań (5.2.9), (5.2.21) i (5.2.22) daje pożądane wyrażenie dla integralnej transformacji funkcji Zielonych dla ruchu w Coulombie plus potencjał Grazu, rozpatrywany jako

$$\overline{G}_\ell^{(+)}(r,q)=\overline{G}_\ell^{C(+)}(r,q)-d_\ell^{(+)}(\beta_\ell,k,q)\times$$
$$\left\{\frac{2^{-\ell}(\ell!)^{-1}e^{i\ell\pi/2}e^{\pi\eta/2}\Gamma(2\ell+2)}{\Im_\ell^C(k)(2k)^\ell\Gamma(\ell+2+i\eta)(\beta_\ell-ik)^2}{}_2F_1\left(1,i\eta-\ell;\ell+2+i\eta;\frac{\beta_\ell+ik}{\beta_\ell-ik}\right)\right.$$
$$\left.\times\Phi(\ell+1+i\eta,2\ell+2;-2ikr)+\frac{1}{2ik2^\ell\ell!}\Lambda_{\gamma,1}(\ell+1+i\eta,2\ell+2;-2ikr)\right\}r^{\ell+1}e^{ikr}.$$

(5.2.23)

Wyrażenie "for" $\overline{G}_\ell^{(+)}(r,-q)$ otrzymuje się poprzez $q\ -q$ zastąpienie powyższego równania równaniem, zgodnie z wzorem (3.2.24). Wykorzystując równanie (3.2.25) wraz z wartościami i $\overline{G}_\ell^{(+)}(r,q)$ $\overline{G}_\ell^{(+)}(r,-q)$ można napisać wyrażenie dla fizycznego rozwiązania off-shell dla Coulomba plus potencjał rozdzielny Graza. Odpowiednie rozwiązanie Josta $f_\ell(k,q,r)$, zidentyfikowane w tym przypadku, jest również dokładnie zgodne z rozwiązaniem przedstawionym w punkcie 5.1.27.

5.3 Podejście oparte na bezpośredniej integracji

Szczególna integralność

$$f_\ell(k,q,r) = (k^2-q^2)e^{i\ell\pi/2}\int_r^\infty G_\ell^{(I)}(r,r')\hat{h}_\ell^{(+)}(qr')dr' \qquad (5.3.1)$$

niejednorodnego równania różniczkowego spełnionego przez $f_\ell(k,q,r)$ daje off-shell Jost roztwór do ruchu w Coulomb plus Graz potencjał rozdzielny. Oto $G_\ell^{(I)}(r,r')$ nieregularna funkcja Green'a dla ruchu w rozpatrywanym potencjale. Aby uniknąć trudności związanych z oceną składnika zintegrowanego w równaniu (5.3.1), $G_\ell^{(I)}(r,r')$ został on przeredagowany pod kątem nieregularnej funkcji Coulomb'a Green'a i ich integralnej transformacji jako

$$G_\ell^{(I)}(r,r') = G_\ell^{C(I)}(r,r') + \frac{\lambda_\ell}{D_\ell(k)}\overline{G}_\ell^{C(I)}(\beta_\ell,r')\int_r^\infty G_\ell^{C(I)}(r,r')g_\ell(\beta_\ell,r')dr' \quad (5.3.2)$$

z

$$\overline{G}_\ell^{C(I)}(\beta_\ell,r') = \int_0^\infty G_\ell^{C(I)}(r,r')g_\ell(\beta_\ell,r)dr \qquad (5.3.3)$$

Zastępując (5.3.2) w równaniu (5.3.1) jeden ma

$$\begin{aligned} f_\ell(k,q,r) &= (k^2-q^2)e^{i\ell\pi/2}\left[\int_r^\infty G_\ell^{C(I)}(r,r')\hat{h}_\ell^{(+)}(qr')dr' + \frac{\lambda_\ell\overline{G}_\ell^{C(I)}(\beta_\ell,q)}{D_\ell(k)}\right. \\ &\qquad \left.\times\int_r^\infty G_\ell^{C(I)}(r,r')g_\ell(\beta_\ell,r')dr'\right] \\ &= f_\ell^C(k,q,r) + \frac{\lambda_\ell e^{i\ell\pi/2}}{D_\ell(k)}(k^2-q^2)\overline{G}_\ell^{C(I)}(\beta_\ell,q)\int_r^\infty G_\ell^{C(I)}(r,r')g_\ell(\beta_\ell,r')dr' \end{aligned}$$

$$(5.3.4)$$

gdzie

$$\overline{G}_\ell^{C(I)}(\beta_\ell,q) = \int_0^\infty\int_r^\infty \hat{h}_\ell^{(+)}(qr')G_\ell^{C(I)}(r,r')g_\ell(\beta_\ell,r)drdr' \qquad (5.3.5)$$

Można ocenić bezterminową nieodłączną część składową równania (5.3.4), przepisując ją jako

$$\int_r^\infty G_\ell^{C(I)}(r,r')g_\ell(\beta_\ell,r')dr' = \int_0^\infty G_\ell^{C(I)}(r,r')g_\ell(\beta_\ell,r')dr' - \int_0^r G_\ell^{C(I)}(r,r')g_\ell(\beta_\ell,r')dr' . \tag{5.3.6}$$

Definitywne i nieokreślone całki związane z równaniami (5.3.5) i (5.3.6) mogą być łatwo obsługiwane poprzez zastąpienie funkcji Coulomb'a nieregularnej Zielonej wraz ze stosunkami (3.1.35), (3.1.39), (3.1.40), (3.3.7), (3.3.8) oraz całki funkcji hipergeometrycznej Gaussian'a (3.1.19). [20,21] aby uzyskać wyrażenia w formie zamkniętej. Wszystkie te wyrażenia, gdy zostaną zastąpione w równaniu (5.3.4), generują wymaganą wartość rozwiązania Josta poza skorupą dla potencjału rozdzielnego Grazu modyfikowanego Coulombem [tj. równaniu (5.1.27)].

5.4 Sturmijska metoda działania

Na przykładzie (3.2.26) widzimy, że $\psi_\ell^{(+)}(k,q,r)$ można to wyrazić w postaci półpowłoki T-matrycy oraz odpowiednich rozwiązań typu on-shell i off-shell Jost. W ten sposób, mając wyrażenie dla siebie, $\psi_\ell^{(+)}(k,q,r)$ można zidentyfikować odpowiednie rozwiązanie Josta poza skorupą. Tutaj uzyskamy bliską formę wyrażenia $\psi_\ell^{(+)}(k,q,r)$ poprzez ocenę integralnych przekształceń funkcji Coulomb Greena. Integralne przekształcenia funkcji Coulomb Greena przez czynniki formotwórcze potencjału rozdzielczego Grazu zostały opublikowane wcześniej w szeregu publikacji [13,28,30]. Tutaj będziemy szukać innego podejścia do problemu transformacji Hankla poprzez wykorzystanie terminu po terminie reprezentacji serii Sturm [31,32] funkcji państwa związanego Coulomb Greena, który został już oceniony w sekcji 4.4 i wynik uzyskany w ten sposób nadal analitycznie do uzyskania $\overline{G}_{\ell}^{C(+)}(r,q)$. Ten rezultat jest tutaj wykorzystany do uzyskania integralnej transformacji funkcji Zielonych dla ruchu w Coulombie plus Graz.

Zastąpienie ekwiwalentu (4.2.2a) w ekwiwalencie (5.2.10) razem z ekwiwalentem (3.1.13) wiąże się z pewnymi żmudnymi całkami. Aby obejść te trudności w obliczeniach, wyrażymy funkcję fizyczną Zieleń dla Coulomba plus możliwy do rozdzielenia potencjał w kategoriach czystej Coulombowskiej funkcji fizycznej Zieleń i ich integralne przekształcenia w następujący sposób.

Równanie integralne Lippmanna-Schwingera [33] dla funkcji Coulomba plus oddzielnej funkcji Greena jest zapisane jako

$$G_{\ell}^{(+)}(r,r')=G_{\ell}^{C(+)}(r,r')+\lambda_{\ell}\int_{0}^{\infty}\int_{0}^{\infty}ds\,dt\,G_{\ell}^{C(+)}(r,s)\,g_{\ell}(\beta_{\ell},s)\,g_{\ell}(\beta_{\ell},t)\,G_{\ell}^{(+)}(t,r')\,. \tag{5.4.1}$$

Mnożąc obie strony przez $g_{\ell i}(\beta_{\ell i},r)$ i integrując w całej gamie otrzymujemy

$$G_{\ell}^{CS(+)}(r,r')=G_{\ell}^{C(+)}(r,r')+\frac{\lambda_{\ell}}{D_{\ell}^{(+)}(k)}\overline{G}_{\ell}^{C(+)}(r,\beta_{\ell})\overline{G}_{\ell}^{C(+)}(\beta_{\ell},r') \tag{5.4.2}$$

z $D_{\ell}^{(+)}(k)$ determinantem Fredholm [28,33] związanym z fizycznym stanem granicznym oraz $\overline{G}_{\ell}^{C(+)}(r,\beta_{\ell})$ integralnym przekształceniem funkcji Coulombowskiej Zieleni fizycznej przez czynnik kształtujący potencjał rozdzielny.

Teraz integralna transformacja fizycznej funkcji Zieleń dla ruchu w Coulombie plus Grazu, możliwa do rozdzielenia przez funkcję Hankela, jak zdefiniowano w równym stopniu (5.2.10), jest otrzymywana jako

$$\overline{G}_\ell^{CS(+)}(r,q)=\overline{G}_\ell^{C(+)}(r,q)+\frac{\lambda_\ell}{D_\ell^{(+)}(k)}\overline{G}_\ell^{C(+)}(r,\beta_\ell)\overline{G}_\ell^{C(+)}(\beta_\ell,q) \qquad (5.4.3)$$

z

$$\overline{G}_\ell^{C(+)}(\beta_\ell,q)=\int_0^\infty\int_0^\infty dr\,dr'\; g_\ell(\beta_\ell,r)G_\ell^{C(+)}(r,r')\hat{h}_\ell^{(+)}(qr') \quad .$$

(5.4.4)

Łącząc równania (3.2.25), (3.2.24) i (5.2.11) razem z równaniami (5.4.1)- (5.4.4) będzie można zapisać jednoznaczne wyrażenie dla pozakulupowego rozwiązania fizycznego związanego z Coulombem plus Grazem, które można oddzielić od siebie pod względem integralnej transformacji funkcji Coulombowskiej Zieleni fizycznej. Porównując skonstruowane przez nas wyrażenia dla fizycznych rozwiązań off-shellowych dla Coulomba plus Graza z ekwiwalentem (3.2.26) identyfikujemy odpowiadające im rozwiązania off-shellowe Josta, które pokrywają się z ekwiwalentem (5.1.27). W następnym rozdziale skonstruujemy wyrażenia w formie zamkniętej dla T-matryc pozakomórkowych dla Coulomba i Coulomba plus Graza, poprzez wykorzystanie odpowiednich fizycznych rozwiązań pozakomórkowych.

Referencje

[1] H. van Haeringen i R. van Wageningen, J. Math. Fizycznie. **16**, 1441 (1975).

[2] H. van Haeringen, J. Math. Phys. **24**, 1267 (1983).

H. van Haeringen, J. Math. Phys. **24**, 1274 (1983).

[4] S. Okubo i D. Feldman, Phys. Rev. **117**, 279 (1960).

[5] R. A. Mapleton, J. Math. Phys. **2**, 482 (1961b).

W. F. F. Ford, J. Math. Phys. **7**, 626 (1966).

[7] G. B. West, J. Math. Phys. **8**, 942 (1967).

[8] A. Gersten, Nucl. Phys. B **103**, 465 (1976).

[9] J. Dusek, J. Math. Phys. **24**, 2471 (1983).

J. D. Dollard, J. Math. Phys. **5**, 729 (1964).

[11] Z. Bajzer, Nuovo Cimento **224**, 300 (1974).

[12] B. Talukdar, U. Laha i U. Das, Phys. Rev. A **43**, 1183 (1991).

[13] U. Laha i B. Talukdar, Pramana J. Phys. **36**, 289(1991).

[14] U. Laha i B. Kundu, Phys. Rev. A **71**, 032721 (2005).

[15] U. Laha, Phys. Rev.A **74**, 012710 (2006).

[16] W. Schwinger, W. Plessas, L. P. Kok i H. van Haeringen, Phys. Rev. C **27**, 515

[17] L. Crepinsek, C. B. Lang, H. Oberhumer, W. Plessas i H. Zingl, Acta Phys. Austriaca, **42**, 139 (1975).

[18] H. Zankel, W. Plessas i J. Haidenbauer, Phys. Rev. C **28**, 538 (1983).

[19] A. W. Babister, *Transcendentalne funkcje satysfakcjonujące Nie-*

jednorodne równania liniowo-dyferencyjne (MacMillan

Firma, Nowy Jork, 1967).

[20] A. Erdeyli, *Higher Transcendental Functions* (McGraw-Hill,

Nowy Jork, 1953) Vol.1.

[21] W. Magnus i F. Oberhettinger, *Formuły i twierdzenia dla*

Funkcje Specjalne Fizyki Matematycznej (Chelsea, Nowa

York, 1949).

I. S. Gradshteyn i I. M. Ryzhik, *Tables of Integrals, Series*

and Products (Academic Press, Londyn, 2000).

R. G. Newton, *Scattering Theory of Waves and Particles*

(Springer Verlag, New York, Inc. 1982), wydanie drugie.

[24] U. Laha, Pramana- J. Phys. **72**, 457 (2009).

[25] M. G. Fuda i J. S. Whiting, Phys. Rev. C **8**, 1255 (1973).

U. Laha i B. Kundu, Turk. J. Phys. **34**, 149 (2010).

[27] H. van Haeringen, Nucl. Phys. A **253**, 355 (1975).

[28] B. Talukdar, U. Laha i T. Sasakawa, J. Math. Phys. **27**, 2080

(1986).

[29] H. van Haeringen, J. Math. Phys. **20**, 1109 (1979).

[30] U. Laha, B. J. Roy i B. Talukdar, J. Phys. A **22**, 3597 (1989).

[31] M. Rotenberg, Adv. Na. Mol. Phys. **6**, 233 (1970).

[32] J. C. Y. Chen i A. C. Chen, In *Advances in Atomic i Physics Molecular Physics* **8**,pp-71, (Academic, New York, 1972).

[33] B. A. Lippmann i J. Schwinger, Phys. Rev. **79**, 469 (1950).

RozdziaP6

Off-shell T-matryce dla Coulomba i Coulombowskich potencjałów

Dwie cząstki T-matryca odgrywa ważną rolę w kwantowym opisie teoretycznym rozpraszania/reakcji pomiędzy dwiema lub więcej cząstkami. Reakcje pomiędzy cząstkami obojętnymi, których oddziaływania parami mają krótki zasięg, są skutecznie opisane za pomocą równań całkowych Faddeeva [1] i podobnych równań, które zostały opracowane później. Dwuczłonowe matryce T są podstawowym składnikiem tych równań całkowitych. Powszechnie wiadomo, że w teorii rozpraszania dwóch cząstek praktycznie wszystkie istotne wielkości rozpraszania można uzyskać bezpośrednio z T-matryc [2-10]. Chociaż nie istnieją żadne równania całkowe znane z reakcji więcej niż dwóch naładowanych cząstek, które są zadowalające powyżej progu rozpadu, to całkiem naturalne jest oczekiwanie, że Coulombowa matryca T będzie tu bardzo ważna. Dlatego też warto przeprowadzić szczegółowe badanie T-materii związanych z Coulombiem i Coulombowskim zmodyfikowanym potencjałem jądrowym. W Coulombowskiej teorii rozpraszania istnieje wiele tak zwanych Coulombowskich osobliwości lub anomalii, z których każda może być przypisana dalekosiężnej naturze potencjału Coulomba. Użycie Coulombowskiej T-matrycy w numerycznie rozwiązujących równaniach opisujących reakcje trzech lub więcej cząstek jest uciążliwe. Wynika to ze względnej złożoności T-matrycy Coulomba, tak więc poszukiwano zadowalających przybliżeń. Najbardziej oczywiste przybliżenie składa się z przybliżenia Born. Tutaj skonstruujemy dokładne wyrażenia analityczne dla off-shell T-matrices dla ruchu w Coulombie i Coulombie plus Graz potencjały rozdzielne [11-13] poprzez przyjęcie różnych podejść do problemu i uczynienie ich podatnymi na leczenie numeryczne.

6.1 T-matryca pozapowłokowa z wyraźną zależnością od potencjału

Istnieje następująca zależność [2-10] pomiędzy fizycznym roztworem off-shellu a matrycą T

$$T_\ell(p,q,k^2) = \frac{2}{\pi pq}\int_0^\infty dr\, \hat{j}_\ell(pr)V(r)\psi_\ell^{(+)}(k,q,r) \quad .$$

(6.1.1)

Z uwagi na równania (3.2.25), (4.2.2a) i (4.2.2b) powyższe równanie dla potencjału Coulomba ma następujące brzmienie

$$T_\ell^C(p,q,k^2) = -\frac{(k^2-q^2)k\eta}{\pi pq}\big[I_{1\ell}(p,q,k^2) - I_{2\ell}(p,q,k^2) - I_{3\ell}(p,q,k^2) + I_{4\ell}(p,q,k^2)\big] \quad ,$$

(6.1.2)

gdzie

$$I_{1\ell}(p,q,k^2) = \int_0^\infty dr r^{-1}\hat{h}_\ell^{(+)}(pr)\overline{G}_\ell^{C(+)}(r,q) \quad ,$$

(6.1.3)

$$I_{2\ell}(p,q,k^2)=(-1)^{\ell}\int_0^{\infty}drr^{-1}\hat{h}_{\ell}^{(+)}(pr)\overline{G}_{\ell}^{C(+)}(r,-q)=(-1)^{\ell}I_{1\ell}(p,-q,k^2)\quad,$$

(6.1.4)

$$I_{3\ell}(p,q,k^2)=(-1)^{\ell}\int_0^{\infty}drr^{-1}\hat{h}_{\ell}^{(+)}(-pr)\overline{G}_{\ell}^{C(+)}(r,q)=(-1)^{\ell}I_{1\ell}(-p,q,k^2)\quad(6.1.5)$$

oraz

$$I_{4\ell}(p,q,k^2)=\int_0^{\infty}drr^{-1}\hat{h}_{\ell}^{(+)}(-pr)\overline{G}_{\ell}^{C(+)}(r,-q)=I_{1\ell}(-p,-q,k^2)\quad.$$

(6.1.6)

Zastępując równania (3.1.3) i (4.2.15) w równaniach (6.1.3) pisze się

$$\begin{aligned}I_{1\ell}(p,q,k^2)=C_{Lj}(p,q)\Bigg[&(-1)^{\ell+L}\frac{(i)^{L+j-1}\Gamma(1-\ell-L)\Gamma(\ell-L+2)\Gamma(\ell+1+i\eta)}{\Gamma(2+i\eta-L)\Gamma(2\ell+2)}\\&\times(k+q)^{\ell+L-1}{}_2F_1\left(1-\ell-L,i\eta-\ell;2+i\eta-L;\frac{q-k}{q+k}\right)\times\\&\frac{\partial^{\ell-j}}{\partial p^{\ell-j}}\int_0^{\infty}dre^{i(p+k)r}\Phi(\ell+1+i\eta,2\ell+2;-2ikr)\\&+\frac{(-2ik)^{\ell+L-1}}{(i)^{\ell-j}}\sum_{n=0}^{\infty}\left(\frac{k-q}{2k}\right)^n\frac{1}{n!}\frac{\partial^{\ell-j}}{\partial p^{\ell-j}}\int_0^{\infty}dre^{i(p+k)r}\theta_{n+1-\ell-L}(\ell+1+i\eta,2\ell+2;-2ikr)\Bigg]\end{aligned}$$

(6.1.7)

z

$$C_{Lj}(p,q)=\sum_{j=0}^{\ell}\sum_{L=0}^{\ell}\frac{(i)^{2(j+L-\ell)}(\ell+j)!(\ell+L)!}{(2ip)^j(2iq)^L L!\,j!(\ell-j)!(\ell-L)!}\quad.$$

(6.1.8)

Ocena całek w równaniach (6.1.7), pewnych manipulacji algebraicznych przy pomocy [14-19] równań (3.1.15), (3.1.39) oraz relacji powtarzalności w równaniach (3.1.17) i (3.1.18) prowadzi do

$$I_{1\ell}(p,q,k^2)=C_{Lj}(p,q)\frac{(i)^{\ell+j-1}}{(-2ik)(\ell-i\eta)}\frac{\partial^{\ell-j}}{\partial p^{\ell-j}}\left(\frac{p+k}{2k}\right)^{2\ell}\left[\frac{\Gamma(1-\ell-L)\Gamma(\ell-L+2)}{\Gamma(2+i\eta-L)\Gamma(2\ell+1)}\right.$$
$$\times\Gamma(\ell+1+i\eta)(-1)^{(\ell+L)}(k+q)^{\ell+L-1}\,{}_2F_1\left(1-\ell-L,i\eta-\ell;2+i\eta-L;\frac{q-k}{q+k}\right)\times$$
$${}_2F_1\left(-2\ell,i\eta-\ell;1+i\eta-\ell;\frac{p-k}{p+k}\right)+\frac{(-1)^{\ell+L-1}}{(2k)^{1-\ell-L}}\times$$
$$\left.\sum_{n=0}^{\infty}\left(\frac{k-q}{2k}\right)^n\frac{\Gamma(n+1-\ell-L)}{n!}\,{}_2F_1\left(i\eta-\ell,-n-1-\ell+L;1+i\eta-\ell;\frac{p-k}{p+k}\right)\right].$$

(6.1.9)

Dlatego też równania (6.1.2)-(6.1.6) wraz z równaniami (6.1.8) i (6.1.9) dają pożądane wyrażenie dla pozakomórkowej matrycy Coulomba T. The s-wave part of this result is in exact agreement with those of van Haeringen [20] and Laha [21,22].

Dla Coulomba plus Graza z możliwością rozdzielenia [11-13] T-matryca poza skorupą wynosi

$$\begin{aligned}T_\ell(p,q,k^2)=T_\ell^C(p,q,k^2)-\frac{(k^2-q^2)}{2\pi pq}\Big[\big\{I_{\ell 1}(p,q,k^2)-(-1)^\ell I_{\ell 1}(p,-q,k^2)\\-(-1)^\ell I_{\ell 1}(-p,q,k^2)+I_{\ell 1}(-p,-q,k^2)\big\}+\big\{d_\ell^{(+)}(\beta_\ell,k,q)-(-1)^\ell d_\ell^{(+)}(\beta_\ell,k,-q)\big\}\\\times\big\{I_{\ell 2}(p,\beta_\ell)-(-1)^\ell I_{\ell 2}(-p,\beta_\ell)\big\}\Big]\end{aligned}\qquad(6.1.10)$$

z $T_\ell^C(p,q,k^2)$ Coulomb'em,

$$I_{\ell 1}(p,q,k^2)=\int_0^\infty V_C(r)\overline{G}_\ell^{(+)ad}(r,q)\hat{h}_\ell^{(+)}(pr)dr\quad,$$

(6.1.11)

gdzie

$$\overline{G}_\ell^{(+)ad}(r,q)=\overline{G}_\ell^{(+)}(r,q)-\overline{G}_\ell^{C(+)}(r,q)\quad,$$

(6.1.12)

$$I_{\ell 2}(p,\beta_\ell)=\int_0^\infty g_\ell(\beta_\ell,r)\hat{h}_\ell^{(+)}(pr)dr \quad ,$$

(6.1.13)

$d_\ell^{(+)}(\beta_\ell,k,q)$ została już określona w równaniu (5.2.22) z równaniem (5.1.14), a ilość

$$C_{\ell 1}(\beta_\ell,k)=\frac{2^{-\ell}(\ell!)^{-1}e^{i\ell\pi/2}e^{\pi\eta/2}\Gamma(2\ell+2)}{\Im_\ell^C(k)(2k)^\ell(\beta_\ell-ik)\Gamma(\ell+2+i\eta)}\,{}_2F_1\left(1,i\eta-\ell;\ell+2+i\eta;\frac{\beta_\ell+ik}{\beta_\ell-ik}\right).$$

(6.1.14)

W prosty sposób można obliczyć wartości całkowite zawarte w równaniach (6.1.11), używając standardowych wartości całkowitych [14-19, 23] w równaniach (3.1.15) i (3.1.39). Po pewnych manipulacjach algebraicznych, za pomocą relacji powtarzalności (3.1.17), (3.1.18), (3.3.8) i integralnej reprezentacji funkcji hipergeometrycznej gaussowskiej [Np. (3.1.19)] uzyskuje się

$$I_{\ell 1}(p,q,k^2)=-2k\eta d_\ell^{(+)}(\beta_\ell,k,q)\sum_{L=0}^{\ell}\frac{e^{i\pi/2}(\ell+L)!}{(2p)^L L!(\ell-L)!}\Big\{C_{\ell 1}(\beta_\ell,k)\,S_{L\ell 1}(k,p)$$
$$+\frac{(-1)^{L-\ell-1}\Gamma(2\ell+2)}{2^\ell\ell!(2k)^{2\ell+1}}\frac{\partial^{\ell-L}}{\partial p^{\ell-L}}\left[S_{L\ell 2}(k,p)-S_{L\ell 3}(k,p)-\frac{(p+k)^{2\ell}}{(\beta_\ell-ik)}X_\ell(\beta_\ell,k,p)\right]\Big\}$$

(6.1.15)

z

$$S_{L\ell 1}(k,p)=\frac{\Gamma(\ell+1-L)(p-k)^L}{(k+p)^{\ell+1}}\left(\frac{p+k}{p-k}\right)^{i\eta}{}_2F_1\left(\ell+1-i\eta,L+\ell+1;2\ell+2;\frac{2k}{k+p}\right),$$

(6.1.16)

$$S_{L\ell 2}(k,p)=\frac{1}{(\beta_\ell-ik)}\frac{\Gamma(i\eta-\ell)(p^2-k^2)^\ell}{\Gamma(\ell+2+i\eta)}\left(\frac{p+k}{p-k}\right)^{i\eta} \times {}_2F_1\left(1,i\eta-\ell;\ell+2+i\eta;\frac{\beta_\ell+ik}{\beta_\ell-ik}\right),$$

(6.1.17)

$$S_{L\ell 3}(k,p)=\frac{(\beta_\ell-ik)^{-1}(p+k)^{2\ell}}{(i\eta-\ell)\Gamma(2\ell+2)}\left(\frac{2ik}{\beta_\ell+ik}\right)^{2\ell+1} \times\left\{{}_2F_1\left(1,i\eta-\ell;i\eta-\ell+1;\frac{(p-k)(\beta_\ell+ik)}{(p+k)(\beta_\ell-ik)}\right)-1\right\} \quad (6.1.18)$$

i $X_\ell(\beta_\ell,k,p)$, już podane w par. (5.1.15). Drugą integralną częścią równania (6.1.13) jest

$$I_{\ell 2}(p,\beta_\ell)=\sum_{L=0}^{\ell}\frac{(i)^{L-\ell}(\ell+L)!}{2^\ell \ell!(2p)^L L!}(\beta_\ell-ip)^{L-\ell-1}.$$

(6.1.19)

Łącząc równanie (6.1.10) wraz z równaniami (5.2.22) (6.1.14) i (6.1.15)-(6.1.19) otrzymamy wyrażenie T-matrycy poza skorupą dla Coulomba plus potencjał rozdzielny Graza. W przypadku s-wave wynik jest dokładnie zgodny z wynikami badań ref. [20-22].

6.2 Matryca T poza skorupą bez wyraźnej zależności od potencjału

Odwołamy się tutaj do innego podejścia do konstruowania wyrażeń dla T-matrice dla ruchu w Coulombowskich i Coulombowskich interakcjach poprzez użycie zmodyfikowanego wyrażenia dla tego samego, które nie angażuje wyraźnie potencjału [22]. Procedura jest następująca.

Z równania różniczkowego na roztwór fizyczny bez powłoki wynika, że

$$V(r)\psi_\ell^{(+)}(k,q,r)=\left[\frac{d^2}{dr^2}+k^2-\frac{\ell(\ell+1)}{r^2}\right]\psi_\ell^{(+)}(k,q,r)-(k^2-q^2)\,\hat{j}_\ell(qr) \quad (6.2.1)$$

Zastąpienie równoważnika (6.2.1) w równaniu (6.1.1) i dwukrotne zintegrowanie otrzymanego całki przez części z warunkami

$$\lim_{r\to 0} r^{-\ell-1}\,\psi_\ell^{(+)}(k,q,r)=1 \qquad (6.2.2)$$

oraz

$$\lim_{x\to 0} x^{-\ell-1}\,\hat{j}_\ell(x)=1 \qquad (6.2.3)$$

dostajemy

$$T_\ell(p,q,k^2)=\frac{2(k^2-p^2)}{\pi\,pq}\int_0^\infty dr\,\hat{j}_\ell(pr)\,\psi_\ell^{(+)}(k,q,r)-S_\ell(p,q,k^2) \quad ,$$

(6.2.4)

gdzie

$$S_\ell(p,q,k^2)=\frac{2(k^2-q^2)}{\pi\,pq}\int_0^\infty dr\,\hat{j}_\ell(pr)\,\hat{j}_\ell(qr)=0 \qquad for\ \ell=0$$
$$=\frac{(k^2-q^2)}{p^3 q}\,\delta(p-q)\ for\ \ell>0 \quad .$$

(6.2.5)

Uzyskując wynik w równaniu różniczkowym [24,25] (6.2.4) skorzystaliśmy z równania różniczkowego.

$$\left[\frac{d^2}{dr^2}+p^2-\frac{\ell(\ell+1)}{r^2}\right]\hat{j}_\ell(pr)=0 \quad .$$

(6.2.6)

Poniżej przedstawiamy alternatywne podejście do osiągnięcia rezultatu w równaniu (6.2.4). Łącząc równania (6.1.1) i (6.2.1) otrzymujemy

$$T_\ell(p,q,k^2)=\frac{2}{\pi\, p\, q}\int_0^\infty dr\, \hat{j}_\ell(pr)\left[\left[\frac{d^2}{dr^2}+k^2-\frac{\ell(\ell+1)}{r^2}\right]\psi_\ell^{(+)}(k,q,r)\right. \\ \left. -(k^2-q^2)\,\hat{j}_\ell(qr)\right] .$$

(6.2.7)

Za pomocą transponowanej zależności operatorskiej $\langle\varphi|\hat{O}|\psi\rangle=\langle\psi|\tilde{O}|\varphi\rangle$ [26] w równaniu (6.2.7) wraz z równaniem (6.2.5) i (6.2.6) uzyskuje się wynik w (6.2.4). Z uwagi na równania (3.2.25), (4.2.2a), (4.2.2b) i (6.2.4) T-matryca Coulomba w skorupce ma następujące brzmienie

$$T_\ell^C(p,q,k^2)=Y(p,q,k^2)\left[I_\ell^C(p,q,k^2)-(-1)^\ell I_\ell^C(p,-q,k^2)\right. \\ \left. -(-1)^\ell I_\ell^C(-p,q,k^2)+I_\ell^C(-p,-q,k^2)\right]-S_\ell(p,q,k^2) \qquad (6.2.8)$$

z

$$I_\ell^C(p,q,k^2)=\int_0^\infty dr\,\hat{h}_\ell^{(+)}(pr)\;\overline{G}_\ell^{C(+)}(r,q) ,$$

(6.2.9)

$$I_\ell^C(p,-q,k^2)=I_\ell^C(p,q,k^2)\Big|_{q\to -q} ,$$

(6.2.10)

$$I_\ell^C(-p,q,k^2)=I_\ell^C(p,q,k^2)\Big|_{p\to -p} ,$$

(6.2.11)

$$I_\ell^C(-p,-q,k^2)=I_\ell^C(p,q,k^2)\Big|_{q\to -q;\, p\to -p} ,$$

(6.2.12)

oraz

$$Y(p,q,k^2)=\frac{(k^2-p^2)(k^2-q^2)}{i\pi\, pq}$$

(6.2.13)

Połączenie równań (3.1.13), (4.2.15), (6.1.8) i (6.2.9) prowadzi do

$$I_\ell^C(p,q,k^2)=C_{Lj}(p,q)\left[(-1)^{\ell+L}\frac{(i)^{L+j-2}\Gamma(1-\ell-L)\Gamma(\ell-L+2)\Gamma(\ell+1+i\eta)}{\Gamma(2+i\eta-L)\Gamma(2\ell+2)}\times\right.$$

$$(k+q)^{\ell+L-1}{}_2F_1\left(1-\ell-L,i\eta-\ell;2+i\eta-L;\frac{q-k}{q+k}\right)\frac{\partial^{\ell-j+1}}{\partial p^{\ell-j+1}}\times$$

$$\int_0^\infty dre^{i(p+k)r}\Phi(\ell+1+i\eta,2\ell+2;-2ikr)$$

$$\left.+\frac{(-2ik)^{\ell+L-1}}{(i)^{\ell-j+1}}\sum_{n=0}^{\infty}\left(\frac{k-q}{2k}\right)^n\frac{1}{n!}\frac{\partial^{\ell-j+1}}{\partial p^{\ell-j+1}}\int_0^\infty dre^{i(p+k)r}\theta_{n+1-\ell-L}(\ell+1+i\eta,2\ell+2;-2ikr)\right]$$

(6.2.14)

Ocena całek w kw. (6.2.14) przy użyciu standardowych całek w kw. (3.1.15) i (3.1.39) [14-19], niektóre manipulacje algebraiczne przy pomocy relacji transformacyjnych w kw. (3.1.17), (3.1.18) i (3.3.8) plonów

$$I_\ell^C(p,q,k^2)=C_{Lj}(p,q)\frac{(i)^{L+j-2}}{(-2ik)(\ell-i\eta)}\frac{\partial^{\ell-j+1}}{\partial p^{\ell-j+1}}\left(\frac{p+k}{2k}\right)^{2\ell}$$

$$\left[\frac{\Gamma(1-\ell-L)\Gamma(\ell-L+2)\Gamma(\ell+1+i\eta)}{\Gamma(2+i\eta-L)\Gamma(2\ell+1)}(-1)^{(\ell+L)}(k+q)^{\ell+L-1}\times\right.$$

$${}_2F_1\left(1-\ell-L,i\eta-\ell;2+i\eta-L;\frac{q-k}{q+k}\right){}_2F_1\left(-2\ell,i\eta-\ell;1+i\eta-\ell;\frac{p-k}{p+k}\right).$$

$$\left.+\frac{(-1)^{\ell+L-1}}{(2k)^{1-L-1}}\sum_{n=0}^{\infty}\left(\frac{k-q}{2k}\right)^n\frac{\Gamma(n+1-\ell-L)}{n!}\times{}_2F_1\left(i\eta-\ell,-n-1-\ell+L;1+i\eta-\ell;\frac{p-k}{p+k}\right)\right]$$

(6.2.15)

Teraz równania (6.2.8)-(6.2.13) i (6.2.15) mogą być łączone razem, aby uzyskać pożądane wyrażenie dla off-shell Coulomb T-matrix. Sprawdziliśmy, że dla przypadku s-wave nasze wyrażenie dla off-shell Coulomb T-matrix jest dokładnie zgodne z tymi z Refs. 20-22, które brzmi jak

$$T^C(p,q,k^2) = \frac{e^{i\pi/2}k}{\pi pq}\left[F\left(1,i\eta;1+i\eta;\frac{(q-k)(p-k)}{(q+k)(p+k)}\right)\right.$$
$$-F\left(1,i\eta;1+i\eta;\frac{(q+k)(p-k)}{(q-k)(p+k)}\right)-F\left(1,i\eta;1+i\eta;\frac{(q-k)(p+k)}{(q+k)(p-k)}\right) \quad (6.2.16)$$
$$\left.+F\left(1,i\eta;1+i\eta;\frac{(q+k)(p+k)}{(q-k)(p-k)}\right)\right].$$

W punkcie półpowłoki, tj. $p \to k$ $T^C(k,q,k^2) \to 0$ elementu T-matrycy. Można to łatwo zaobserwować poprzez przekształcenie dwóch z czterech funkcji hipergeometrycznych w równanie (6.2.16) przy użyciu zależności [14-19].

$$_2F_1(a,b;c;z) = \frac{\Gamma(c)\Gamma(b-a)}{\Gamma(c-a)\Gamma(b)}(-z)^{-a}\,{}_2F_1(a,1-c+a;1-b+a;z^{-1})$$
$$+(-z)^{-b}\frac{\Gamma(c)\Gamma(a-b)}{\Gamma(a)\Gamma(c-b)}\,{}_2F_1(b,1-c+b;1-a+b;z^{-1}). \quad (6.2.17)$$

Pojawia się również osobliwość, jak to ma miejsce w przypadku $p \to q \neq k$ logarytmicznych osobliwości dwóch funkcji hipergeometrycznych zaangażowanych w równanie (6.2.16) z argumentem równym jedności. Kiedy $p \to k$, $q \to k$ tzn. w punkcie na skorupce, element T-matrycy wynosi również zero [20-22].

Łącząc równania (4.2.2a), (4.2.2b), (5.2.23) i (6.2.4) poza skorupą T-matryca do ruchu w Coulombie plus Grazu, potencjał rozdzielny odczytuje się jako

$$T_\ell(p,q,k^2)=T_\ell^C(p,q,k^2)+Y(p,q,k^2)\frac{\lambda_\ell}{D_\ell^{(+)}(k)}$$

$$\left[\overline{G}_\ell^{C(+)}(\beta_\ell,q)-(-1)^\ell\,\overline{G}_\ell^{C(+)}(\beta_\ell,-q)\right]$$

$$\times\left[\overline{G}_\ell^{C(+)}(\beta_\ell,p)-(-1)^\ell\,\overline{G}_\ell^{C(+)}(\beta_\ell,-p)\right]-S_\ell(p,q,k^2)\quad .$$

(6.2.18)

Równanie (6.2.18) wraz z (4.2.15), (5.1.14), (5.1.15), (6.2.13) i wyrażeniem dla tworzy $T_\ell^C(p,q,k^2)$ wyrażenie dla T-matrycy pozakomórkowej dla Coulomba plus potencjału rozdzielczego Graza, które prowadzi do poprawnej wartości granicznej dla [$\ell=0$ 20-22]. Dla fali s-kształtne potencjały rozdzielne Grazu pokrywają się z potencjałem Yamaguchiego [27]. Dlatego też wyrażenie dla Coulomba i Yamaguchiego poza skorupą T-matrix brzmi jak

$$T^{CY}(p,q,k^2)=T^C(p,q,k^2)+\frac{2}{\pi\,pq}K(\beta,q,k^2)\left[-\frac{p}{(\beta^2+p^2)}+\frac{k}{(\beta^2+k^2)}\times\right.$$

$$\left.\left\{{}_2F_1\left(1,i\eta;1+i\eta;\frac{(p-k)(\beta+ik)}{(p+k)(\beta-ik)}\right)+{}_2F_1\left(1,i\eta;1+i\eta;\frac{(p+k)(\beta+ik)}{(p-k)(\beta-ik)}\right)\right\}\right]$$

(6.2.19)

z

$$K(\beta,q,k^2)=\lambda\frac{(\beta+ik)(\beta+iq)}{2D_0^{(+)}(k)(1+i\eta)(\beta^2+k^2)(\beta^2+q^2)}\times$$

$$\left[(k-q)\,{}_2F_1\left(1,i\eta;2+i\eta;\frac{(q-k)(\beta+ik)}{(q+k)(\beta-ik)}\right)\right.\qquad(6.2.20)$$

$$\left.-(k+q)\,{}_2F_1\left(1,i\eta;2+i\eta;\frac{(q+k)(\beta+ik)}{(q-k)(\beta-ik)}\right)\right].$$

Poza skorupą T-matrix ruchu w Coulombie plus potencjał Yamaguchiego pokazuje te same ograniczające zachowania co czysty przypadek Coulomba. T-matryce p-p i n-p off-shell w kanale ^{1s0} obliczymy za pomocą (6.2.16) i (6.2.19) wraz z (6.2.20). Wyniki dla T-matryc w skorupce dla czystych potencjałów Yamaguchiego, Coulomba i Coulomba plus potencjały Yamaguchiego zostały obliczone i wykreślone na rysunkach 3-6 w funkcji momentu pędu w skorupce p o stałej wartości innego momentu pędu $q = 0.25\,fm^{-1}$ dla energii laboratoryjnych odpowiednio 10 i 20 MeV. Tutaj zdecydowaliśmy się na pracę z parametrami [28,29,30] $(2k\eta)^{-1} = 28.8\,fm$, $\beta = 1.1\,fm^{-1}$ & $\lambda = -2.405\,fm^{-3}$ w kanale ^{1s0} dla systemu p-p. Wyłączona T-matryca dla czystego potencjału Yamaguchiego została obliczona poprzez wyłączenie interakcji Coulomba w numerycznej procedurze dla Coulomba plus T-matryca Yamaguchiego.

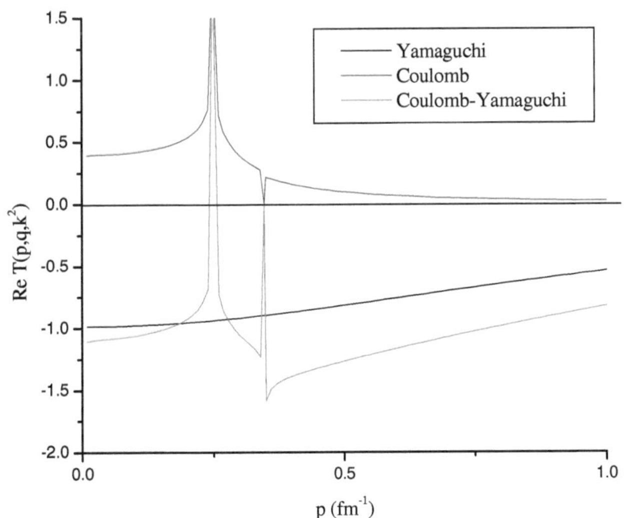

Rysunek 3: Re T(p,q,k2) w funkcji momentu pędu zewnętrznego p dla ELab = 10MeV

zq=0,25 fm-1.

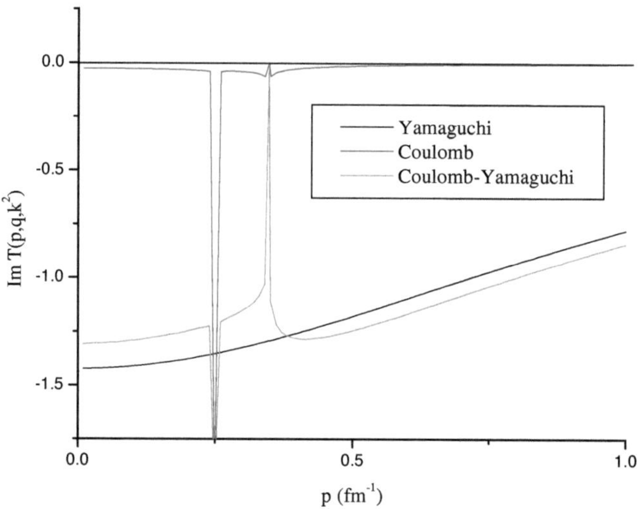

Rysunek 4: ImT(p,q,k2) jako funkcja momentu pędu zewnętrznego p dla ELab = 10MeV

z q=0,25 fm-1.

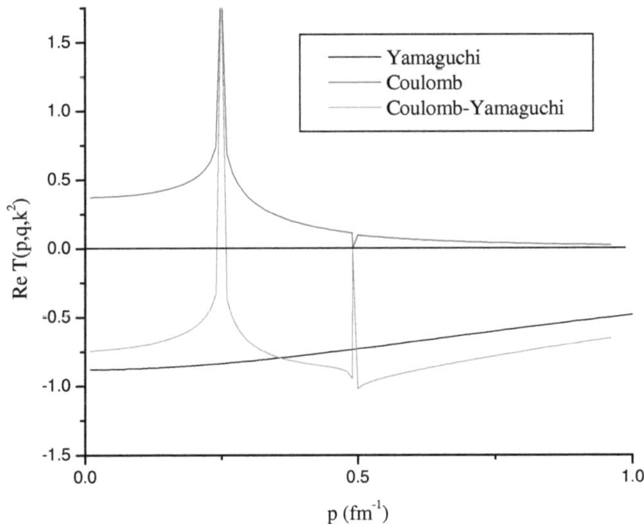

Rysunek 5: Re T(p,q,k2) w funkcji momentu pędu zewnętrznego p dla E_{Lab} = 20MeV

z q=0,25 fm-1.

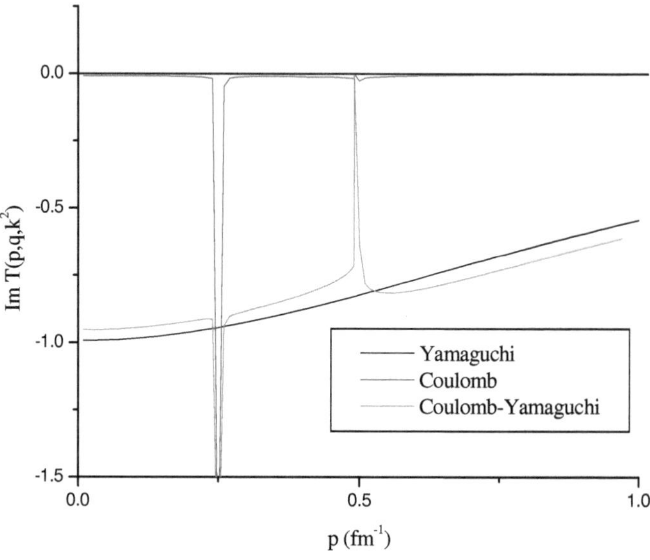

Rysunek 6: ImT(p,q,k2) jako funkcja momentu pędu zewnętrznego p dla E_{Lab} = 20MeV

z q=0,25 fm-1.

Zgodnie z oczekiwaniami, zarówno prawdziwa, jak i wyimaginowana część T-matrixu off-shell dla czystego potencjału Yamaguchiego to płynne funkcje off-shellowego pędu. Podczas gdy T-matryce dla Coulomba i Coulomba plus potencjały Yamaguchiego pokazują nieciągłości $p=q$ i stają się dokładnie zerowe w [$p=k$ 20-22,31]. Wartości rzeczywistych i wyobrażonych części i $T^{CY}(p,q,k^2)$ $T^{Y}(p,q,k^2)$ różnią się znacznie dla niższych wartości energii i pędu, podczas gdy różnice stają się nieistotne dla dużych wartości energii i pędu. Oznacza to, że zniekształcenia Coulomba przeważają w niskim i średnim zakresie energii-momentum [32]. Uważa się, że klasa reakcji takich jak (p, 2p), (α, 2α) [33, 34] i (p, p) bremsstrahlung sondują bezpośrednio dwie siły nukleonowe poza skorupą. Nasze wyniki dla T-materii są w kolejności (p, 2p) reakcji [35].

Referencje:

L. D. Faddeev, Sov. Phys. JETP, **12**, 1014 (1961); JETP **39**, 1459 (1960); Sowieci. Phys.Dok1. **6**, 384 (1961).

[2] L. Hostler, J. Math. Phys. **5**, 1235 (1964).

[3] J. Schwinger, J. Math. Phys. **5**, 1606 (1964).

H. van Haeringen, Nucl. Phys. A **327**, 77 (1979).

H. van Haeringen, Phys. Lett. A86, 359 (1981).

H. van Haeringen, J. Math. Phys. **24**, 1267 (1983).

[7] H. van Haeringen, J. Math. Phys. **24**, 1157 (1983).

H. van Haeringen, J. Math. Phys. **24**, 2467 (1983).

H. van Haeringen, J. Math. Phys. **25**, 3001 (1984).

H. van Haeringen, J. Math. Phys. **25**, 3033 (1984); Err. **26**, (1985).

W. Schwinger, W. Plessas, L. P. Kok i H. van Haeringen, Phys. Rev. C **27**, 515 (1983); **28**, 1414 (1983).

[12] L. Crepinsek, C.B. Lang, H. Oberhumer, W. Plessas i H. Zingl, Acta Phys. Austriaca, **42**, 139 (1975).

[13] H. Zankel, W. Plessas i J. Haidenbauer, Phys. Rev. C **28**,

538 (1983).

[14] A. W. Babister, *Transcendentalne funkcje satysfakcjonujące Nie-*

jednorodne równania liniowo-dyferencyjne (MacMillan

Firma, Nowy Jork, 1967).

[15] L. J. Slater, *Confluent Hypergeometric Functions* (Cambridge

University Press, Nowy Jork, 1960).

H. Buchholz, *Funkcja Hipergeometryczna Konfluentu*

Springer, Nowy Jork, 1969).

[17] A. Erdeyli, *Higher Transcendental Functions* (McGraw-Hill,

Nowy Jork, 1953) Vol.1.

[18] W. Magnus i F. Oberhettinger, *Formuły i twierdzenia dla*

Specjalne Funkcje Fizyki Matematycznej (Chelsea, Nowa

York, 1949).

[19] L. J. Slater, Generalized Hypergeometric Functions (Cambridge

University Press, Cambridge, 1966).

H. van Haeringen i R. van Wageningen, J. Math. Fizycznie. **16**,

1441 (1975).

[21] U. Laha, Phys. Rev.A74, 012710 (2006).

[22] U. Laha, Pramana- J. Phys. **72**, 457 (2009).

I. S. Gradshteyn i I. M. Ryzhik, *Tables of Integrals, Series and Products* (Academic Press, Londyn, 2000).

G. Arfken, *Mathematical methods for Physicists* (Akademickie *metody matematyczne dla fizyków).*

Press Inc., Londyn, 1985) Wydanie trzecie.

[25] G. N. Watson, *A Treatise on the Theory of Bessel Functions*

(Cambridge University Press, Cambridge, 1962) Druga

Edycja.

[26] L. D. Landau i E. M. Lifshitz, *Quantum Mechanics (Non-*

teoria relatywistyczna) (Adison-Wesley Publishing Co. Inc., New-

York, 1965).

[27] Y. Yamaguchi, Phys. Rev. **95**, 1628 (1954).

L. Canton i L. G. Levchuk, Nucl. Phys. A808, 192 (2008).

[29] B. Talukdar, S. Saha i T. Sasakawa, J. Math.Phys. **24**, 683

(1983).

[30] B. Talukdar, U. Laha i T. Sasakawa, J. Math. Phys. **27**, 2080

(1986).

[31] C. S. Shastry i A. K. Rajagopal, Phys. Rev. A **2**, 781 (1970).

[32] W. Plessas, L. Streit i H. Zingl, Acta. Fizyczne. Australijskie. **40,** 272

(1974).

[33] R. N. Sharma i B. K. Jain, Nucl. Phys. A **377**, 201 (1982).

[34] L. P. Kok, J. E. Holwerda i J. M. de Maag, Phys. Rev. C **27**, 2548 (1983).

I. E. McCarthy, *Wprowadzenie do Teorii Nuklearnej*. (John Wiley, New-York 1968).

RozdziaP7

Rozproszenie w skorupie i poza niU przez ekranowany Coulomb i ekranowane potencjały podobne do Coulomba

Rozwiązania analityczne dla potencjalnego pola posiadają wszystkie niezbędne informacje dotyczące danego kwantowego układu mechanicznego. Rozwiązania analityczne równania Schrödingera dla wszystkich fal cząstkowych i wszystkich energii są możliwe tylko dla kilku standardowych modeli potencjału. Czysty potencjał Coulomba jest przykładem takiego rodzaju. Ale w rzeczywistości potencjał Coulomba staje się w pewien sposób przesiewany z pewnej odległości. Ten efekt przesiewowego rozpraszania cząstek naładowanych powinien niezmiennie wpływać na teorię i interpretację danych. Wiele standardowych wyników w nierelatywistycznej teorii rozpraszania musi zostać zmodyfikowanych na teorię rozpraszania cząstek naładowanych, ponieważ cząstka nigdy nie zachowuje się jak cząstka wolna. Nawet stan asymptotyczny dla dobrze zachowanego potencjału nie jest dobry i w konsekwencji pojęcie przesunięcia fazowego jest źle zdefiniowane dla rozpraszania Coulomba. Dlatego też w wielu sytuacjach elektromagnetyczna część interakcji jest opisana przez stosunkowo krótki zasięg ekranowanego potencjału Coulomba. W literaturze istnieje kilka rodzajów przesiewanych potencjałów Coulomba. Są to ogólne przesiewanie Coulomba [1], przesiewanie odcinające, przesiewanie mocy [2,3,4], potencjał Yukawy [5] i potencjał Hulthéna [6]. Więcej informacji o badaniach przesiewowych czytelnik może znaleźć u Prugoveckiego i Zorba [7], Taylora [8], Semona i Taylora [9] oraz Goodmansona i Taylora [10]. Ogólnie rzecz biorąc, przesiewany potencjał Coulomba ma formę $V^{\rho}(r)=x^{\rho}(r)2k\eta/r$ $x^{\rho}(r)$ z funkcją przesiewania ma tendencję do zera $r\to\infty$, ale zbliża się do zera, gdy $\rho\to\infty$. Kiedy $x^{\rho}(r)$ ma wystarczającą tendencję najpierw do zera, jak $r\to\infty$, $V^{\rho}(r)$ jest potencjał krótkiego zasięgu i może być rozpatrywany w ramach pracy ramowej zwykłej teorii rozpraszania. Jest to główna motywacja do rozważenia przesiewanego potencjału Coulomba.

Pomysł wykorzystania pokazanego potencjału Coulomba jest dość stary [11,12]. Potencjał Hulthéna [13] jest słynnym przykładem wykładniczo przesiewanego potencjału Coulomba. To szczególny moment klasy Eckarta [14] potencjałów. Potencjał Hulthéna jest zazwyczaj wykorzystywany w kilku dziedzinach nauk fizycznych, takich jak fizyka atomowa, molekularna i plazmowa [15-20], fizyka chemiczna [21,22] i fizyka jądrowa [23-31]. Potencjał Hulthéna jest dokładnie rozwiązywalny tylko dla S-wave. Potencjał Hulthéna został jednak $\ell>0$ rozwiązany przy pomocy pewnych technik aproksymacji i opublikowany w wielu publikacjach [32-36].

Jeśli chodzi o fizykę jądrową, potencjały Hulthéna [25-31,37] służą jako model interakcji pomiędzy nukleonami, jądrem-jądrem i układem jądro-jądro. W niedalekiej przeszłości [25-31,38] badaliśmy właściwości powłokowe takich układów w ramach ramowych modeli potencjału Hulthéna.

Poprzez zastosowanie całych analitycznych rozwiązań regularnych i nieregularnych równań Schrödingera dla potencjału

Hulthéna skonstruowane są integralne transformacje funkcji fali wychodzącej Hulthéna Greena przez czynniki formotwórcze specyficznej interakcji krótkiego zasięgu $\ell = 0$. **Bazując** na podejściu równań różniczkowych Van Leeuwenanda Reinera [39], Behethi i Fuda [40] wyprowadzili wyrażenie dla fizycznego rozwiązania ruchu poza skorupą w potencjale Hulthéna.

Niniejszy rozdział odnosi się do badania ilości S-wave Hulthén on- i off-shell. Jako pierwszy kurs badamy rozpraszanie w skorupie i konstruujemy dokładne wyrażenia analityczne dla pojedynczych i podwójnych transformacji integralnych fali wychodzącej Hulthéna Greena przez czynniki formotwórcze rozdzielnych potencjałów nielokalnych. W przypadku rozproszenia w skorupie ziemskiej istnieją jednak dwa różne podejścia do tego problemu, a mianowicie: (i) podejście oparte na równaniach różniczkowych oraz (ii) metodę przekształceń całkowych dostosowuje się w celu uzyskania rozwiązania Josta poza skorupą dla ruchu w oddziaływaniach rozdzielonych w Hulthén i Hulthén zniekształconych. Wszystkie te ilości są wyrażone w ich maksymalnie zredukowanej formie i sprawiają, że są one podatne na obróbkę numeryczną. Wyrażenie dla podwójnej transformacji jest wykorzystywane do obliczania rozproszonych zmian fazowych dla układów alfa-nukleonowego i alfa-jądrowego. W przypadku granicy nieekranowania, w której potencjał Hulthéna staje się potencjałem Coulomb'owym, wykazano, że zmodyfikowane przez Hulthén'a transformacje integralne i rozwiązania Jost'a pokrywają się z ich odpowiednikami Coulomb'owymi.

7.1 Rozpraszanie na skorupie ziemskiej

W centrum energii masowej $E=k^2+i\varepsilon$ fala wychodząca Greena funkcja ruchu w potencjale Hulthéna plus Yamaguchiego [41,42] spełnia równanie różniczkowe integro

$$\left[\frac{d^2}{dr^2}+k^2-V_0\frac{e^{-r/a}}{1-e^{-r/a}}\right]G_{HY}^{(+)}(r,r')-\lambda\, g(r)\int_0^\infty dr'\, g(r')\,G_{HY}^{(+)}(r,r')= \delta(r-r') \qquad (7.1.1)$$

gdzie ilości i λ $g(r)$ stojak dla stałej sprzęgu oraz współczynnik kształtu potencjału Yamaguchiego. Oto i V_0 a jest siła i promień przesiewowy potencjału atomowego Hulthéna. Równanie całkowite odpowiadające równaniu równemu (7.1.1) jest zapisane jako

$$G_{HY}^{(+)}(r,r')=G_{H}^{(+)}(r,r')+\lambda\, d(r,k)\int_0^\infty dr\, g(r)\,G_{H}^{(+)}(r,r') \qquad (7.1.2)$$

z

$$d(r,k)=\int_0^\infty dr'\, g(r')\,G_{HY}^{(+)}(r,r') \quad .$$

(7.1.3)

Równanie (7.1.2) może być łatwo rozwiązane, aby uzyskać

$$G_{HY}^{(+)}(r,r')=G_{H}^{(+)}(r,r')+\lambda\frac{G_{H}^{(+)}(\alpha,r')G_{H}^{(+)}(\beta,r)}{1-\lambda G_{H}^{(+)}(\alpha,\beta)} \qquad (7.1.4)$$

gdzie

$$G_{H}^{(+)}(\alpha,r')=\int_0^\infty dr\, g(r)\,G_{H}^{(+)}(r,r') \quad ,$$

(7.1.5)

$$G_H^{(+)}(\beta,r)=\int_0^{\infty} dr'\, g(r')\, G_H^{(+)}(r,r') \qquad (7.1.6)$$

oraz

$$G_H^{(+)}(\alpha,\beta)=\int_0^{\infty} dr\, g(r)\int_0^{\infty} dr'\, g(r')\, G_H^{(+)}(r,r') \quad .$$

(7.1.7)

Tutaj naszym celem jest skonstruowanie dokładnego wyrażenia analitycznego dla pojedynczych i podwójnych transformacji funkcji Hulthén Green $G_H^{(+)}(r,r')$ przez czynniki formotwórcze potencjału Yamaguchiego. W dalszej części otrzymujemy wyrażenia w formie zamkniętej dla transformacji Laplace'a funkcji Hulthéna Greena.

Potencjał Hulthéna pozwala na rozwiązania analityczne równania Schrödingera tylko dla fali S-. Dlatego zajmiemy się tu funkcją S-wave Greena. W centrum energii masowej $E = k^2 + i\varepsilon$ fala wychodząca Hulthéna Greena spełnia niejednorodne równanie różniczkowe [43].

$$\left(\frac{d^2}{dr^2}+k^2-V_0\frac{e^{-r/a}}{1-e^{-r/a}}\right)G_H^{(+)}(r,r')=\delta(r-r') \quad ,$$

(7.1.8)

gdzie parametr siły V_0 dla potencjału Hulthéna jest rzeczywisty i dodatni. Wykorzystanie transformacji

$$G_H^{(+)}(r,r')=ae^{ikr}(1-e^{-r/a})F(r,r') \qquad (7.1.9)$$

w Eq. (7.1.8) mamy

$$(1-e^{-r/a})\frac{d^2F}{dr^2}+\frac{1}{a}\left[2ika+(2-2ika)e^{-r/a}\right]\frac{dF}{dr}+\frac{1}{a^2}\left(2ika-1-V_0a^2\right)e^{-r/a}F \\ = a^{-1}e^{-ikr}\,\delta(r-r')$$

(7.1.10)

Biorąc pojedynczą transformatę Laplace'a ($(r'\rightarrow\beta)$ dla równania (7.1.10) i zastępując ją $x=(1-e^{-r/a})$ otrzymujemy

$$x(1-x)\frac{d^2\overline{F}}{dx^2}+[2-(3-2iak)\,x]\frac{d\overline{F}}{dx}+\left(2iak-1-V_0a^2\right)\overline{F}=a\left(1-x\right)^{[(\beta+ik)a-1]}$$

(7.1.11)

z

$$\overline{F}\,(r,\beta)=L\{F(r,r');r'\rightarrow\beta\}$$.

(7.1.12)

Porównując równanie (7.1.11) z niejednorodnym równaniem hipergeometrycznym Gaussian'a [44, 45].

$$z(1-z)\frac{d^2y}{dz^2}+[c_1-(a_1+b_1+1)z]\frac{dy}{dz}-a_1b_1y=z^{\sigma-1}(1-\rho z)^{\tau-1}$$,

(7.1.13)

gdzie a_1,b_1,c_1,ρ,τ i σ są stałe, otrzymujemy kompletny prymitywny z równania (7.1.11) jako

$$\overline{F}\,(r,\beta)=R_1\,{}_2F_1\,(1+A,1+B;2;1-e^{-r/a})+R_2\,(1-e^{-r/a})^{-1}\,{}_2F_{1\varepsilon\rightarrow0}\,(A,B;\varepsilon;1-e^{-r/a}) \\ +a\sum_{n=0}^{\infty}\frac{\Gamma(n+1-(\beta+ik)a)}{\Gamma(1-(\beta+ik)a)\,n!}f_{n+1}\left(A+1,B+1;2;1-e^{-r/a}\right)$$

(7.1.14)

z [44]

$$f_n(a,b;c;z)=\frac{z^n}{n(n+c-1)}\,{}_3F_2(1,n+a,n+b;n+1,n+c;z)$$.

(7.1.15)

Seria zbiega się kiedy $|z|\langle 1$; zbiega się kiedy pod $|z|=1$warunkiem, że $\mathrm{Re}(c-a-b)\rangle 0$. W równaniu równym (7.1.14) i R_1 R_2 są to dwie arbitralne stałe, które muszą być określone na podstawie warunków brzegowych oraz

$$A=-iak+ia(k^2+V_0)^{1/2} \qquad (7.1.16a)$$

$$B=-iak-ia(k^2+V_0)^{1/2} \qquad (7.1.16b)$$

Zauważamy również, że dwa niezależne rozwiązania jednorodnej części równania (7.1.11) są podane przez [44-46].

$$Y_1={}_2F_1(1+A,1+B;2;1-e^{-r/a}) \qquad (7.1.17)$$

oraz

$$Y_2=(1-e^{-r/a})^{-1}\,{}_2F_{1\,\varepsilon\to 0}(A,B;\varepsilon;1-e^{-r/a})$$.

(7.1.18)

Funkcja fali wychodzącej Hulthéna Greena jest zapisana jako [43]

$$G_H^{(+)}(r,r')=-k^{-1}\Psi_H^{(+)}(k,r_\langle)\,f_H(k,r_\rangle)$$,

(7.1.19)

gdzie

$$\Psi_H^{(+)}(k,r)=\frac{\Gamma(A+1)\Gamma(B+1)}{\Gamma(C)}ak\,e^{ikr}(1-e^{-r/a})F(A+1,B+1;2;1-e^{-r/a})$$

(7.1.20)

oraz

$$f_H(k,r)=e^{ikr}F(A,B;C;e^{-r/a}) \qquad (7.1.21)$$

z $C=1-2iak$ i $r_{\rangle}$ $r_{\langle}$ są to większe i mniejsze wartości r i r'.

Tutaj $\Psi_H^{(+)}(k,r)$ i oznacza to $f_H(k,r)$ fizyczną falę S i nieregularne roztwory potencjału Hulthéna [47,48]. Zastępując równanie (7.1.19) z równania (7.1.9) i biorąc transformatę Laplace'a otrzymujemy

$$\begin{aligned}\overline{F}(r,\beta)=-\frac{e^{-ikr}}{ak}(1-e^{-r/a})^{-1}\Bigg[f_H(k,r)\int_0^r dr'e^{-\beta r'}\Psi_H^{(+)}(k,r')\\ +\Psi_H^{(+)}(k,r)\int_r^\infty dr'e^{-\beta r'}f_H(k,r')\Bigg]\end{aligned} \qquad (7.1.22)$$

Porównując wartości $\overline{F}(r,\beta)$ z równania (7.1.14) i równania (7.1.22) na i $r=0$ $r\to\infty$ otrzymujemy i $R_2=0$

$$R_1=-\frac{\Gamma(A+1)\Gamma(B+1)}{\Gamma(C)(\beta-ik)}\,{}_3F_2\big(A,\,B,(\beta-ik)a;(\beta-ik)a+1,C;1\big)\quad .$$

(7.1.23)

Z równań (7.1.9), (7.1.14) i (7.1.23) mamy

$$\begin{aligned}G_H^{(+)}(r,\beta)=ae^{ikr}\big(1-e^{-r/a}\big)\Bigg[-\frac{\Gamma(A+1)\Gamma(B+1)}{\Gamma(C)(\beta-ik)}\times\\ {}_3F_2\big(A,\,B,(\beta-ik)a;(\beta-ik)a+1,C;1\big)\\ \times{}_2F_1\big(A+1,\,B+1;2;1-e^{-r/a}\big)\\ +a\sum_{n=0}^{\infty}\frac{\Gamma(n+1-(\beta+ik)a)}{\Gamma(1-(\beta+ik)a)\,n!}f_{n+1}\big(A+1,\,B+1;2;1-e^{-r/a}\big)\Bigg]\end{aligned}\quad .$$

(7.1.24)

W załączniku I pokazujemy, że poprzez bezpośrednią integrację można uzyskać Eq. (7.1.24) z równania (7.1.5) i (7.1.19) wraz z równaniami (7.1.20) i (7.1.21).

Podwójną transformację Laplace'a można łatwo wyprowadzić poprzez prostą integrację równania (7.1.24). Teraz integracja powyższego równania z substytucją niezależnych zmiennych zbiorów $z = 1 - e^{-r/a}$

$$G_H^{(+)}(\alpha,\beta) = a^3 \sum_{n=0}^{\infty} \frac{\Gamma(n+1-(\beta+ik)a))\Gamma((\alpha-ik)a)}{\Gamma(1-(\beta+ik)a)\Gamma(n+3+(\alpha-ik)a)} \times$$
$$ {}_3F_2\left(1, n+A+2, n+B+2;\ n+2, n+3+(\alpha\ \ ik)a; 1\right)$$
$$-a^2 \frac{\Gamma(A+1)\Gamma(B+1)\Gamma((\alpha-ik)a)\Gamma((\alpha+ik)a)}{(\beta-ik)\Gamma(C)\Gamma(1+(\alpha-ik)a-A)\Gamma(1+(\alpha-ik)a-B)} \times$$
$$ {}_3F_2\left(A,\ B, (\beta-ik)a; (\beta-ik)a+1, C; 1\right)$$

(7.1.25)

Stosując następujące formuły przekształceń [45,46,49]

$$ {}_3F_2\left(a,b,c;e,f;1\right) = \frac{\Gamma(s)\Gamma(f)\Gamma(e)}{\Gamma(a)\Gamma(s+c)\Gamma(s+b)}\ {}_3F_2\left(s, e-a, f-a; s+b, s+c; 1\right);$$
$$s = e + f - a - b - c$$

(7.1.26)

oraz

$$ {}_2F_1\left(a,b,c;1\right) = \frac{\Gamma(c)\Gamma(c-a-b)}{\Gamma(c-a)\Gamma(c-b)} \qquad (7.1.27)$$

docieramy do

$$G_H^{(+)}(\alpha,\beta) = -a^3 \frac{\Gamma(1+B)\Gamma((\alpha-ik)a)}{(1+A)\Gamma(1-(\beta+ik)a)\Gamma(2+(\alpha-ik)a)} \times$$
$$\sum_{n=0}^{\infty} \frac{\Gamma(n+2)\Gamma(n+1-(\beta+ik)a)}{\Gamma(n+1)\Gamma(n+B+2)} \times$$
$$ {}_3F_2\left(-n, 1+A, 1-(\alpha-ik)a-B; A+2, 2+(\alpha-ik)a; 1\right)$$

(7.1.28)

Rozszerzenie serii i zmiana warunków prowadzą do

$$G_H^{(+)}(\alpha,\beta) = -\frac{a^3 B\,\Gamma((\alpha-ik)a)\,\Gamma(B+(\beta+ik)a-1)}{(1+A)\,\Gamma(2+(\alpha-ik)a)\Gamma(B+(\beta+ik)a+1)} \times {}_4F_3\begin{pmatrix} 2, 1+A, 1-(\beta+ik)a,\ 1+(\alpha-ik)a-B; \\ A+2,\ 2+(\alpha-ik)a, 2-B-(\beta+ik)a; 1 \end{pmatrix}.$$

(7.1.29)

Uzyskaliśmy inne wyrażenie formy zamkniętej dla podwójnej transformacji Laplace'a [50] funkcji Hulthéna Greena pod względem innej ${}_4F_3(*)$ funkcji i stwierdziliśmy, że te dwa wyrażenia są równoważne.

$$G_H^{(+)}(\alpha,\beta) = -\frac{a^2}{(A+1)(B+1)(\beta+\alpha)((\beta+\alpha)a-1)} \times {}_4F_3\left(1,2,\,1-(\alpha+ik)a, 1-(\beta+ik)a; A+2, B+2, 2-(\beta+\alpha)a; 1\right). \qquad (7.1.30)$$

Można jednak z łatwością obliczyć rozpraszające przesunięcia fazowe dla naładowanych układów hadronowych, wykorzystując równania (7.1.29) lub (7.1.30).

Oto ${}_4F_3(*)$ dobrze uogólniona funkcja hipergeometryczna. Ilość ta $D^{(+)}(k)=1-\lambda G_H^{(+)}(\alpha,\beta)$ oznacza wyznacznik Fredholmdeterminanta związany z fizycznym rozwiązaniem $\Psi_H^{(+)}(k,r)$. W przypadku potencjału lokalnego determinant fredholmski $D^{(+)}(k)$ jest równy funkcji Josta $f(k)$, natomiast w przypadku nielokalnego lub kombinacji potencjałów lokalnych i $D^{(+)}(k)$ $f(k)$ nielokalnych są one identyczne; są raczej powiązane [51-53] przez $f(k)=D^{(+)}(k)/D(k)$. Oto $D(k)$ determinant fredholmski związany z rozwiązaniem regularnym lub nieregularnym i jest zawsze wielkością rzeczywistą. Ogólnie rzecz biorąc, Jost funkcjonuje i $f(k)$ $D^{(+)}(k)$ są to złożone ilości. Tak więc faza funkcji Jost jest równa fazie $D^{(+)}(k)$. Dalej, faza funkcji Jost jest ujemna w stosunku do przesunięcia fazowego rozpraszania $\delta(k)$. Dlatego też równania (7.1.29) i (7.1.30) dostarczają wygodnych wyrażeń do obliczania rozproszonych przesunięć fazowych.

7.2 Rozpraszanie poza skorupą przez potencjał Hulthéna

W tej części adaptujemy dwa różne podejścia do problemu budowy dokładnego wyrażenia analitycznego dla rozwiązania Josta dla ruchu w potencjale Hulthéna, wykorzystując teorię zwyczajnego równania różniczkowego w połączeniu z właściwościami funkcji specjalnych fizyki matematycznej.

(i) Podejście oparte na równaniach różniczkowych

W centrum energii masowej $E = k^2 + i\varepsilon$ równanie radialne Schrödingera dla potencjału Hulthéna jest zapisane jako

$$\left[\frac{d^2}{dr^2} + k^2 - V_0 \frac{e^{-r/a}}{1-e^{-r/a}}\right] f_H(k,q.r) = \left(k^2 - q^2\right) e^{iqr} \qquad (7.2.1)$$

Oto i V_0 a jest siła i promień przesiewowy potencjału atomowego Hulthéna. Stosując następującą transformację

$$f_H(k,q.r) = a\, e^{ikr}\left(1 - e^{-r/a}\right) F(k,q,r) \qquad (7.2.2)$$

W Eq. (7.2.1) otrzymujemy

$$(1-e^{-r/a})\frac{d^2F}{dr^2} + \frac{1}{a}\left[2ika + (2-2ika)\,e^{-r/a}\right]\frac{dF}{dr} + \frac{1}{a^2}\left(2ika - 1 - V_0 a^2\right)e^{-r/a} F$$
$$= \frac{\left(k^2 - q^2\right)}{a} e^{-i(k-q)r}$$

(7.2.3)

Zmiana zmiennej niezależnej z $x=(1-e^{-r/a})$ powyższego równania prowadzi do

$$x(1-x)\frac{d^2F}{dx^2}+[c_1-(a_1+b_1+1)x]\frac{dF}{dx}-a_1b_1\,F=a\left(k^2-q^2\right)(1-x)^{[\tau-1]} \quad (7.2.4)$$

z

$$a_1=1-iak+ia(k^2+V_0)^{1/2}=1+A \qquad \text{i} \qquad c_1=2 \qquad \tau=i(k-q)a$$

$$.b_1=1-iak-ia(k^2+V_0)^{1/2}=1+B\,.. \qquad (7.2.5)$$

Funkcje uzupełniające równania (7.2.4) są podane przez funkcje hipergeometryczne Gaussian'a [45,46].

$$u_1(x)={}_2F_1(a_1,b_1;c_1;x)=\frac{\Gamma(c_1)}{\Gamma(a_1)\Gamma(b_1)}\sum_{n=0}^{\infty}\frac{\Gamma(a_1+n)\Gamma(b_1+n)}{\Gamma(c_1+n)}\frac{x^n}{n!} \quad ;c_1>0 \quad (7.2.6)$$

oraz

$$u_2(x)=x^{1-c_1}\,{}_2F_1(a_1-c_1+1,b_1-c_1+1;2-c_1;x) \quad ;c_1\le 0 \qquad (7.2.7)$$

Zauważ, że dla $c_1=2$, Eq. (7.2.7) nie jest akceptowalnym rozwiązaniem równania (7.2.4). Jeśli jednak c_1 jest to liczba całkowita, można rozważyć

$$\begin{gathered}u_2(x)=x^{1-c_1}\,{}_2F_1(a_1+1-c_1,b_1+1-c_1;a_1+b_1-c_1+1;1-x)\;; \\ a_1+b_1-c_1+1\neq 0,-1,-2,...\end{gathered} \qquad (7.2.8)$$

Taka sytuacja ma miejsce w przypadku czystego przypadku Coulomba, kiedy zbliża się do c 2 w rozwiązaniu zbieżnej funkcji hipergeometrycznej $\overline{\Phi}(a;c;z)=z^{1-c}\Phi(a-c+1;2-c;z)$. Newton [43] argumentował, że w przypadku c podejścia 2 inne liniowo niezależne od siebie akceptowalne rozwiązanie pola Coulomba w ramach procesu ograniczania jest określane przez

$$\Psi(a;c;z)=\frac{\Gamma(1-c)}{\Gamma(a-c+1)}\Phi(a;c;z)+\frac{\Gamma(c-1)}{\Gamma(a)}\overline{\Phi}(a;c;z) \qquad (7.2.9)$$

Porównując równanie (7.2.4) z niejednorodnym równaniem hipergeometrycznym Gaussian'a [44].

$$z(1-z)\frac{d^2y}{dz^2}+[c_1-(a_1+b_1+1)z]\frac{dy}{dz}-a_1b_1y=z^{\sigma-1}(1-\rho z)^{\tau-1} \quad ,$$

(7.2.10)

gdzie a_1,b_1,c_1,ρ,τ i σ są stałe, konkretne rozwiązanie [34] z równania (4) otrzymuje się jako

$$F_p(x)=a\left(k^2-q^2\right)\sum_{n=0}^{\infty}\frac{\Gamma(n+1-i(k-q)a)}{\Gamma(1-i(k-q)a)n!}f_{n+1}(A+1,B+1;2;x) \qquad (7.2.11)$$
$$for\,\sigma=\rho=1$$

z

$$f_n(a,b;c;x)=\frac{x^n}{n(n+c-1)}\,{}_3F_2(1,n+a,n+b;n+1,n+c;x) \qquad (7.2.12)$$

Seria zbiega się kiedy $|x|\langle 1$; zbiega się kiedy pod $|x|=1$ warunkiem, że $\mathrm{Re}(c-a-b)\rangle 0$. Łącząc równania (7.2.2)-(7.2.12), kompletne rozwiązanie równania (7.2.1) brzmi jak

$$\begin{aligned}f_H(k,q,r)=&a\,e^{ikr}(1-e^{-r/a})\Big[D_1\;{}_2F_1(1+A,1+B;2;1-e^{-r/a})\\&+D_2(1-e^{-r/a})^{-1}\,{}_2F_1(A,B;C;e^{-r/a})+a(k^2-q^2)\times\\&\sum_{n=0}^{\infty}\frac{\Gamma(n+1-i(k-q)a)}{\Gamma(1-i(k-q)a)n!}f_{n+1}\left(A+1,B+1;2;1-e^{-r/a}\right)\Big]\end{aligned} \quad .$$

(7.2.13)

Oto i D_1 D_2 są dwie arbitralne stałe, które należy określić na podstawie warunków brzegowych oraz $C=1-2iak$.

Jak $r \to 0$, rozwiązanie Jost off-shell daje funkcję Jost off-shell. Funkcja Jost off-shell [$f_H(k,q)$ 47] to

$$f_H(k,q) = \frac{\Gamma(C+\tau)\Gamma(1+\tau)}{\Gamma(1+A+\tau)\Gamma(1+B+\tau)} \quad .$$

(7.2.14)

Tak więc, dla równania (7 $r=0$ .2.13) razem z równaniami (7.2.14) odtwarza się

$$D_2 = \frac{f_H(k,q)}{a\, f_H(k)} \quad ,$$

(7.2.15)

$f_H(k)$ gdzie funkcja on-shell Jost odczytuje

$$f_H(k) = \frac{\Gamma(C)}{\Gamma(1+A)\Gamma(1+B)} \quad .$$

(7.2.16)

Przyjęcie limitu $r \to \infty$ w równaniu (7.2.13) jest dość trudne. Trzeci termin po prawej stronie równania (7.2.13) może być wyrażony w odniesieniu do zwykłej funkcji Hulthén Green $G_H^{(R)}(r,r')$ jako

$$a^2 e^{ikr}\left(1-e^{-r/a}\right)\left(k^2-q^2\right)\sum_{n=0}^{\infty}\frac{\Gamma(n+1-i(k-q)a)}{\Gamma(1-i(k-q)a)\,n!} f_{n+1}\left(A+1,B+1;2;1-e^{-r/a}\right)$$
$$=\left(k^2-q^2\right)\int_0^r G_H^{(R)}(r,r')e^{iqr'}dr'$$

(7.2.17)

z

$$G_H^{(R)}(r,r')=\frac{1}{f_H(k)}\left[\varphi_H(k,r)\, f_H(k,r')-\varphi_H(k,r')\, f_H(k,r)\right] \quad .$$

(7.2.18)

Regularne $\varphi_H(k,r)$ i nieregularne $f_H(k,r)$ rozwiązania kadłubowe potencjału Hulthéna są następujące

$$\varphi_H(k,r)=ae^{ikr}\left(1-e^{-r/a}\right)\,{}_2F_1(1+A,1+B;2;1-e^{-r/a}) \qquad (7.2.19)$$

oraz

$$f_H(k,r)=e^{ikr}\;{}_2F_1(A,B;C;e^{-r/a}) \quad .$$

(7.2.20)

Według Fudy i Whitinga [54] rozwiązanie off-shell Josta brzmi jak

$$f_H(k,q,r)=\left(k^2-q^2\right)\int_r^\infty dr' e^{iqr'}\, G_H^{(I)}(r,r') \qquad (7.2.21)$$

Z nieregularną funkcją Hulthéna Green'a [43]

$$G_H^{(I)}(r,r')=\frac{1}{f_H(k)}\left[f_H(k,r)\,\varphi_H(k,r')-f_H(k,r')\,\varphi_H(k,r)\right] \quad .$$

(7.2.22)

Zastąpienie równoważników (7.2.14)-(7.2.22) w równoważniku (7.2.13), zastosowanie wartości granicznej $r\to\infty$ i ocena całek prowadzi do

$$D_1=\frac{i(q-k)}{f_H(k)}\;{}_3F_2\left(A,B,-i(k+q);C,1-i(k+q);1\right) \quad .$$

(7.2.23)

Przy ocenie powyższej stałej wykorzystaliśmy następującą standardową całkę [46,55]

$$\int_0^1 x^{\rho-1}(1-x)^{\sigma-1}\,{}_2F_1(\alpha,\beta;\gamma;x)dx=\frac{\Gamma(\rho)\Gamma(\sigma)}{\Gamma(\rho+\sigma)}\,{}_3F_2(\alpha,\beta,\rho;\gamma,\rho+\sigma;1) \quad .(7.2.24)$$

$$\mathrm{Re}\,\rho>0,\ \mathrm{Re}\,\sigma>0,\ \mathrm{Re}(\gamma+\sigma-\alpha-\beta)>0$$

Równanie (7.2.13) w połączeniu z równaniami (7.2.15) i (7.2.23) daje pożądane wyrażenie dla rozwiązania Jost off-shell dla ruchu w potencjale Hulthéna i jest zapisane jako

$$f_H(k,q,r)=a\,e^{ikr}(1-e^{-r/a})\left[\frac{i(q-k)}{f_H(k)}\,{}_3F_2(A,B,-i(k+q);C,1-i(k+q);1)\times\right.$$
$${}_2F_1(1+A,1+B;2;1-e^{-r/a})+\frac{f_H(k,q)}{a\,f_H(k)}(1-e^{-r/a})^{-1}\,{}_2F_1(A,B;C;e^{-r/a}) \quad .$$
$$\left.+a(k^2-q^2)\sum_{n=0}^{\infty}\frac{\Gamma(n+1-i(k-q)a)}{\Gamma(1-i(k-q)a)\,n!}f_{n+1}\left(A+1,B+1;2;1-e^{-r/a}\right)\right]$$

(7.2.25)

(ii) Metoda przekształcenia całkowitego

Roztwór fizyczny poza skorupą $\psi_H^{(+)}(k,q,r)$ dla potencjału Hulthéna spełnia niejednorodne równanie różniczkowe

$$\left[\frac{d^2}{dr^2}+k^2-V_0\frac{e^{-r/a}}{1-e^{-r/a}}\right]\psi_H^{(+)}(k,q,r)=(k^2-q^2)\sin(qr) \quad .$$

(7.2.26)

Szczególne rozwiązanie z równania (7.2.26) może być zapisane jako

$$\psi_H^{(+)}(k,q,r)=\frac{(k^2-q^2)}{2i}\left[\overline{G}_H^{(+)}(r,q)-\overline{G}_H^{(+)}(r,-q)\right] \quad ,$$

(7.2.27)

gdzie

$$\overline{G}_H^{(+)}(r,q)=\int_0^\infty dr'\,G_H^{(+)}(r,r')e^{iqr'} \qquad (7.2.28)$$

oraz

$$\overline{G}_H^{(+)}(r,-q)=\left|\overline{G}_H^{(+)}(r,q)\right|_{q\to -q} \quad .$$

(7.2.29)

Aby skonstruować wyrażenie analityczne dla $\psi_H^{(+)}(k,q,r)$ jednego potrzebuje wyrażenia w formie zamkniętej dla transformacji Hankla w $\overline{G}_H^{(+)}(r,q)$ funkcji fali wychodzącej Hulthéna Greena $G_H^{(+)}(r,r')$. Poniżej obliczamy wyrażenie w formie zamkniętej $\overline{G}_H^{(+)}(r,q)$ poprzez podejście równania różniczkowego do problemu.

$G_H^{(+)}(r,r')$ Funkcja fali wychodzącej Hulthéna Greena spełnia niejednorodne równanie różniczkowe

$$\left(\frac{d^2}{dr^2}+k^2-V_0\frac{e^{-r/a}}{1-e^{-r/a}}\right)G_H^{(+)}(r,r')=\delta(r-r') \qquad (7.2.30)$$

Zastosowanie następującej transformacji

$$G_H^{(+)}(r,r')=ae^{ikr}(1-e^{-r/a})g(r,r') \quad (7.2.31)$$

w powyższym równaniu prowadzi do

$$(1-e^{-r/a})\frac{d^2g}{dr^2}+\frac{1}{a}\left[2ika+(2-2ika)e^{-r/a}\right]\frac{dg}{dr}+\frac{1}{a^2}\left(2ika-1-V_0a^2\right)e^{-r/a}g = a^{-1}e^{-ikr}\delta(r-r') \quad .$$

(7.2.32)

Przyjmując transformację Hankla ($for\, \ell=0\ g(r,r')\ r'$) w odniesieniu do równania (7.2.32) i zmieniając niezależną zmienną przez $x=(1-e^{-r/a})$ otrzymujemy

$$x(1-x)\frac{d^2\bar{g}}{dx^2}+[2-(3-2iak)x]\frac{d\bar{g}}{dx}+\left(2iak-1-V_0a^2\right)\bar{g}=a(1-x)^{[\tau-1]}$$

(7.2.33)

z

$$\bar{g}(r,q)=H\{g(r,r');r'\to q\} \quad .$$

(7.2.34)

Porównanie współczynników (7.2.10) i (7.2.33) wydajności

$$\bar{g}(r,q)=R_1\ {}_2F_1(1+A,1+B;2;1-e^{-r/a})+R_2(1-e^{-r/a})^{-1}\ {}_2F_1(A,B;C;e^{-r/a})$$
$$+a\sum_{n=0}^{\infty}\frac{\Gamma(n+1-\tau)}{\Gamma(1-\tau)n!}f_{n+1}\left(A+1,B+1;2;1-e^{-r/a}\right)$$

(7.2.35)

W równaniu równym (7.2.35) i R_1 R_2 są to dwie arbitralne stałe, które muszą być określone na podstawie warunków brzegowych na $r=0$ i $r=\infty$.

Funkcja fali wychodzącej Hulthéna Greena jest zapisana jako [43]

$$G_H^{(+)}(r,r')=-k^{-1}\Psi_H^{(+)}(k,r_{\langle})f_H(k,r_{\rangle}) \qquad (7.2.36)$$

gdzie

$$\Psi_H^{(+)}(k,r)=\frac{1}{f_H(k)}ak\,e^{ikr}(1-e^{-r/a})F(A+1,B+1;2;1-e^{-r/a}) \quad .$$

(7.2.37)

Ilości i $r_{\rangle}$ $r_{\langle}$ są to większe i mniejsze wartości r i r'.

Tutaj i $\Psi_H^{(+)}(k,r)$ $f_H(k,r)$ oznaczają fizyczną falę S i nieregularne roztwory potencjału Hulthéna [25,47]. Zastępując równanie (7.2.36) w równaniach (7.2.31) i przyjmując transformację Hankla otrzymujemy

$$\overline{g}(r,q)=-\frac{e^{-ikr}}{ak}(1-e^{-r/a})^{-1}\left[f_H(k,r)\int_0^r dr' e^{iqr'}\Psi_H^{(+)}(k,r')\right.$$

$$\left.+\Psi_H^{(+)}(k,r)\int_r^\infty dr' e^{iqr'} f_H(k,r')\right] .$$

(7.2.38)

Porównując wartości $\overline{g}(r,\beta)$ z kw. (7.2.35) i kw. (7.2.38) na i $r=0$ $r\to\infty$ otrzymujemy i $R_2=0$

$$R_1=\frac{i}{f_H(k)(k+q)}\ {}_3F_2\big(A,\ B,-i(k+q)a;-i(k+q)a+1,C;1\big) .$$

(7.2.39)

Z parytetów (7.2.31), (7.2.35) i (7.2.39) mamy

$$\overline{G}_H^{(+)}(r,q)=ae^{ikr}\left(1-e^{-r/a}\right)\left[\frac{i}{f_H(k)(k+q)}\times\right.$$

$${}_3F_2\big(A,\ B,-i(k+q)a;-i(k+q)a+1,C;1\big)_2F_1\left(A+1,\ B+1;2;1-e^{-r/a}\right) \quad (7.2.40)$$

$$\left.+a\sum_{n=0}^{\infty}\frac{\Gamma(n+1-\tau)}{\Gamma(1-\tau)n!}f_{n+1}\left(A+1,\ B+1;2;1-e^{-r/a}\right)\right].$$

Wyrażenie for $\overline{G}_H^{(+)}(r,-q)$ uzyskuje się przez q $-q$ zastąpienie go wyrażeniem Eq. (7.2.40). Dlatego też, korzystając z równań (7.2.27) i (7.2.40) można zapisać wyrażenie dla fizycznego rozwiązania ruchu poza skorupą w potencjale Hulthéna. Istnieje relacja między fizycznym rozwiązaniem pozakomórkowym a rozwiązaniami Josta [56,57] wyrażona jako

$$\psi_H^{(+)}(k,q,r)=\frac{\pi q}{2}T_H(k,q,k^2)f_H(k,r)+\frac{1}{2i}\left[f_H(k,q,r)-f_H(k,-q,r)\right],$$

(7.2.41)

$T_H(k,q,k^2)$ gdzie skrót od "half off-shell T-matrix" zapisany jako

$$T_H(k,q,k^2) = \left[\frac{f_H(k,q) - f_H(k,-q)}{i\pi q f_H(k)}\right] .$$

(7.2.42)

Zastąpienie równania (7.2.40) w równaniu (7.2.27) w połączeniu z równaniami (7.2.14), (7.2.16), (7.2.41) i (42), pewne manipulacje algebraiczne pomagają nam zidentyfikować rozwiązanie Hulthén off-shell Jost, jak to już zostało wyrażone w równaniu (7.2.25).

7.3 Granice Coulomba i przesunięcia fazy rozpraszania

W granicy nieskończonego parametru przesiewowego potencjał Hulthéna przechodzi w potencjał Coulomba. Jednakże nie wszystkie ilości pochodzące z przesiewanego potencjału Coulomba mają granicę nie przesiewania. Pokazujemy, że istnieją granice nieekranowania naszych wyrażeń dla $G_H^{(+)}(r,\beta)$, $G_H^{(+)}(\alpha,\beta)$ i $\overline{G}_H^{(+)}(r,q)$ $f_H(k,q,r)$, odpowiednie wyniki Coulomb. Bo $a \to \infty$ $V_0 \to 0$ i tak, że ich produkt pozostaje stały $aV_0 = 2k\eta$, dostaje się

$$\lim_{\substack{a \to \infty \\ aV_0 = 2k\eta}} V_0 \frac{e^{-r/a}}{\left(1 - e^{-r/a}\right)} = \frac{2k\eta}{r} = V_C(r) .$$

(7.3.1)

Sprawdzimy teraz granicę Coulomba naszych skonstruowanych wyrażeń. Dla i $a \to \infty$ $V_0 \to 0$ tak, że ich produkt pozostaje stały, mamy $aV_0 = 2k\eta$, gdzie η jest parametr Sommerfeld. W limicie $a \to \infty$ dostaje się

$$A \sim i\eta ,$$

(7.3.2)

$B \sim i\eta - 2iak$ (7.3.3)

oraz

$C \sim 2iak$. (7.3.4)

Wykorzystanie tomaetransformatiomu do ${}_3F_2(*)$funkcji [44-46,49]

$$ {}_3F_2(a,b,c;e,f;1) = \frac{\Gamma(e)\Gamma(s)}{\Gamma(e-a)\Gamma(s+a)} {}_3F_2(a, f-b, f-c; f, s+a;1); \quad s = e+f-a-b-c ,$$

(7.3.5)

$$ \lim_{z\to\infty} \frac{\Gamma(z+\alpha)}{\Gamma(z+\beta)} = z^{\alpha-\beta}\left[1+O\left(z^{-1}\right)\right] ; \quad |\arg(z)| < \pi \qquad (7.3.6)$$

oraz

$$ \lim_{\alpha\to\infty}\left\{\alpha^{\sigma} f_{\sigma}(\alpha,\beta;\gamma;z/\alpha)\right\} = \theta_{\sigma}(\beta,\gamma;z) \qquad (7.3.7)$$

otrzymuje się pożądane wyrażenie dla $G_C^{(+)}(r,\beta)$, pojedynczej transformacji funkcji Coulomb Greena przez współczynnik kształtu potencjału Yamaguchi [52,53]. W limicie Coulomba równy (7.1.29) wynosi [58-60].

$$ G_H^{(+)}(\alpha,\beta)\Big|_{a\to\infty} = -\frac{(\alpha+\beta)^{-1}}{(1+i\eta)(\alpha-ik)(\beta-ik)} {}_2F_1\left(1, i\eta; 2+i\eta; \frac{(\alpha+ik)(\beta+ik)}{(\alpha-ik)(\beta-ik)}\right) = G_C^{(+)}(\alpha,\beta)$$

(7.3.8)

W limicie $V_0 \to 0$, równania (7.1.24) i (7.1.29) odtwarzają wyniki dla czystego potencjału Yamaguchiego [47, 61,62].

Korzystanie z przekształceń [44-46,63]

$$ {}_3F_2(a,b,c;e,f;1)=\frac{\Gamma(e)\Gamma(s)\Gamma(f)}{\Gamma(s+b)\Gamma(s+c)\Gamma(a)}\,{}_3F_2(e-a,f-a,s;s+b,s+c;1)\,; \quad , $$
$$ s=e+f-a-b-c $$

(7.3.9)

$$ {}_2F_1(a,b;c;z)=\frac{\Gamma(c)\Gamma(c-a-b)}{\Gamma(c-a)\Gamma(c-b)}\,{}_2F_1(a,b;a+b-c+1;1-z) $$
$$ +\frac{\Gamma(c)\Gamma(a+b-c)}{\Gamma(a)\Gamma(b)}(1-z)^{c-a-b}\,{}_2F_1(c-a,c-b;c-a-b+1;1-z);\ , \qquad (7.3.10) $$
$$ |\arg(1-z)|<\pi $$

$$ {}_2F_1(a,b;c;z)=(1-z)^{c-a-b}\,{}_2F_1(c-a,c-b;c;z) \quad , $$

(7.3.11)

$$ c(1-z)\,{}_2F_1(a,b;c;z)-c\,{}_2F_1(a-1,b;c;z)+(c-b)z\,{}_2F_1(a,b;c+1;z)=0\,, \qquad (7.3.12) $$

$$ \lim_{z\to\infty}\frac{\Gamma(z+\alpha)}{\Gamma(z+\beta)}=z^{\alpha-\beta}\left[1+O\left(z^{-1}\right)\right]\ ;\ |\arg(z)|<\pi \quad , $$

(7.3.13)

$$ \lim_{\alpha\to\infty}\left\{\alpha^{\sigma} f_{\sigma}(\alpha,\beta;\gamma;z/\alpha)\right\}=\theta_{\sigma}(\beta,\gamma;z) \qquad (7.3.14) $$

$$ \lim_{z\to\infty}(2ak)^{-i\eta} f_H(k)=f_C(k);\ \ k>0 \qquad (7.3.15) $$

oraz

$$ \lim_{z\to\infty}(2ak)^{-i\eta} f_H(k,r)=f_C(k,r);\ \ k>0, r>0 \qquad (7.3.16) $$

wEqs. (7.2.25) i (7.2.40) uzyskuje się pożądane wyrażenia związane z polem Coulomba. W granicy Coulomba równania (7.2.25) i (7.2.40) wynoszą [56,57].

$$f_C(k,q,r)=re^{ikr}\left\{\left[\frac{e^{i\pi/2}(q-k)}{(1+i\eta)}\right]{}_2F_1\left(1,i\eta;2+i\eta;\frac{(q-k)}{(q+k)}\right)\Phi(1+i\eta,2;-2ikr)\right.$$
$$-2ik\Gamma(1+i\eta)f_C(k,q)\Psi(1+i\eta,2;-2ikr)$$
$$\left.-\frac{(k^2-q^2)}{2ik}\sum_{n=0}^{\infty}\left(\frac{k-q}{2k}\right)^n\frac{1}{n!}\theta_{n+1}(1+i\eta,2;-2ikr)\right\}$$

(7.3.17)

oraz

$$\overline{G}_C^{(+)}(r,q)=re^{ikr}\left\{\left[\frac{e^{-i\pi/2}}{(k+q)(1+i\eta)}\right]{}_2F_1\left(1,i\eta;2+i\eta;\frac{(q-k)}{(q+k)}\right)\Phi(1+i\eta,2;-2ikr)\right.$$
$$\left.-\frac{1}{2ik}\sum_{n=0}^{\infty}\left(\frac{k-q}{2k}\right)^n\frac{1}{n!}\theta_{n+1}(1+i\eta,2;-2ikr)\right\}.$$

(7.3.18)

W ten sposób nasze ilości pozakulkowe dla potencjału Hulthéna odtwarzają właściwe limity Coulomba [56,57].

W oparciu o równanie (7.1.29) oraz definicję $D^{(+)}(k)$ przesunięcia fazowego rozpraszania dla $\delta_{HY}(k)$ $(\alpha-p)$, $(\alpha-{}^3He)$ $(\alpha-{}^3H)$ oraz dla $\delta_Y(k)$ $(\alpha-n)$ systemów. Wybraliśmy pracę z (alfa-jądro) $\hbar^2/2m=25.92MeVfm^2$ $\hbar^2/2m=24.190833MeVfm^2$, (alfa-jądro) i $V_0a=0.03472\,fm^{-1}$ (alfa-proton), $V_0a=0.1182\,fm^{-1}$ (alfa-hel), $V_0a=0.0591\,fm^{-1}$ (alfa-hydrogen) [64,65].

Tabela 1: Parametry dla rozpatrywanych systemów

System	λ (fm-3)	$\alpha=\beta$ (fm-1)
$\alpha-n$	-9.995	1.2
$\alpha-p$	-13.56	1.3
$\alpha-{}^3H$	-12.5	0.75
$\alpha-{}^3He$	-4.7	0.693

Przy pomocy parametrów podanych w tabeli 1 obliczyliśmy przesunięcia fazowe rozpraszania i przedstawiliśmy je na rysunkach 1 i 2 dla $_{\mathrm{ELaba\ w}}$ zakresie 0-12 MeV. W przypadku tych interakcji obliczono przesunięcia fazowe dla stanu częściowego fali i porównano je $\ell=0$ z wynikami standardowymi [66-73]. Zauważa się, że przesunięcia fazowe obliczone dla różnych rozważanych systemów są w rozsądnej zgodzie z pracami Dohet-Eraly'a i Baye'a [67], Satchlera i in. [68], Mohra [66], Spigera i Tombrello [69] oraz Li Xu i in. [70]. Ostatnio Li Xu i wsp. [70] uzyskali racjonalny opis elastycznego rozpraszania trytonu poprzez zastosowanie systematycznego potencjału globalnego modelu optycznego helu-3. Satchler i in. [68] z optycznym modelem potencjału oraz Dohet-Eraly i Baye [67] w ramach formalizmu metody operatora korelacji jednostkowej badali i $(\alpha-n)$ $(\alpha-p)$ uzyskali dobrą zgodność z danymi doświadczalnymi [71]. W niedawnej przeszłości Mohr [66] obliczał $\alpha-He^3$ elastyczne fazy rozpraszania przy niskich energiach przy użyciu prostej interakcji dwóch ciał w połączeniu z potencjałem podwójnego złożenia i osiągnął dobrą zgodność z danymi doświadczalnymi [69,72,73]. Nasze przesunięcia fazowe dla $\delta^{1/2+}$ i

$\alpha - He^3$ $\alpha - H^3$ systemów różnią się nieznacznie od tych dla ref. [69] w zakresie poniżej 5 MeV, ale zgadzają się dość dobrze w zakresie energii 5 do 12.0 MeV. Z drugiej strony, przesunięcia fazowe dla $\delta^{1/2+}$ $\alpha - He^3$ systemu porównują się dobrze z przesunięciami fazowymi dla ref. [66].

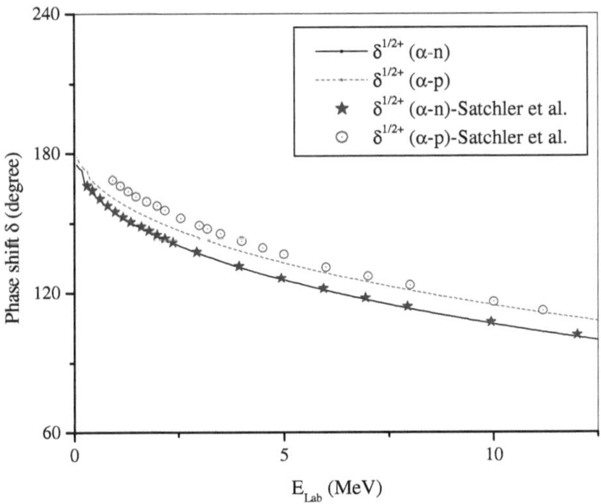

Rysunek 7. $(\alpha - nucleon)$ Przesunięcia fazowe w funkcji energii laboratoryjnej.

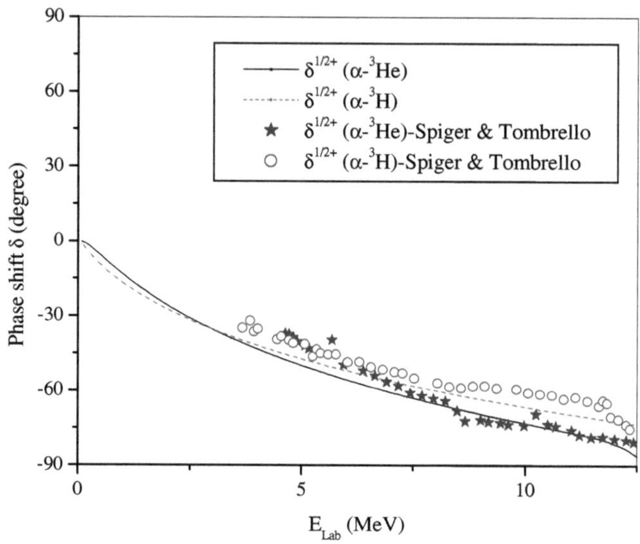

Rysunek 8. $(\alpha - {}^3He)$ oraz $(\alpha - {}^3H)$ przesunięcia fazowe w funkcji energii laboratoryjnej.

Wyrażenia w formie zamkniętej dla Laplace'a przekształcają funkcję Coulomb Greena w radzenie sobie z rozpraszaniem przez Coulomba plus nielokalne potencjały rozdzielne były wcześniej publikowane w wielu publikacjach [52,53,74,75]. W niniejszym artykule przedstawiamy wynik podobnego badania z wykorzystaniem potencjału Hulthéna w miejsce czystej interakcji Coulombowskiej. Wyrażamy transformację Double Laplace funkcji Hulthéna Greena w jej maksymalnie zredukowanej formie, która obejmuje ${}_4F_3(*)$ tylko funkcję, podczas gdy te z van Haeringen [47] zawierają albo jedną, ${}_5F_4(*)$ albo dwie ${}_4F_3(*)$ funkcje. Niestety, nie jesteśmy w stanie powiązać naszej wypowiedzi $G_H^{(+)}(\alpha,\beta)$ z wypowiedziami ref. [47].

Jeden z nas (UL) [76] potraktował Hulthéna plus potencjały rozdzielne w celu uzyskania wyrażenia w formie zamkniętej dla przesunięcia fazowego S-wave w ramach metody funkcji fazowej dla oddziaływań rozdzielnych modyfikowanych przez Hulthéna i osiągnął dobrą zgodność w przesunięciach fazowych rozpraszania nukleon-nukleon. Pożądane byłoby rozszerzenie naszych wyników na wyższe fale cząstkowe. Taki wysiłek wymaga rozwiązań analitycznych dla potencjału Hulthéna w zakresie $\ell > 0$. Dzięki formalizmowi metody faktoryzacji inspirowanej supersymetrią [48,64,77] można konstruować wyższe rozwiązania fal cząstkowych dla potencjału Hulthéna. Hamiltonowskie problemy z hierarchią w supersymetrycznej mechanice kwantowej prowadzą do dodawania odpowiednich barier odśrodkowych i w konsekwencji, wyższe cząstkowe potencjały falowe są generowane dość dokładnie w fizyce atomowej [25,33-36,80,81]. Jako zastosowanie potencjału Hulthéna do fizyki jądrowej Arnold i MacKellar (AM) [37] najpierw sparametryzowali potencjał Hulthéna tak, aby pasował do energii wiązania deuteronu i długości rozpraszania *fali s.* Funkcja fali stanu granicznego dla potencjału Yamaguchiego [42] jest identyczna z funkcją fali dla pierwszego stanu granicznego potencjału Hulthéna o zakresie $(\beta-\alpha)^{-1}$ i głębokości $-(\beta^2-\alpha^2)$. Potencjał Hulthéna z tym parametrem może być uważany za potencjał jądrowy Hulthéna. Jądrowy potencjał Hulthéna służy jako model interakcji pomiędzy nukleonami, alfa-nukleonem i układem jądro-jądro [65,67,82].

W ramach pracy nad nierelatywistyczną teorią rozpraszania staraliśmy się przyjrzeć pewnym aspektom Coulomba/koulomba przesianego i Coulomba/koulomba przesianego zniekształconego rozpraszania jądrowego, ze szczególnym uwzględnieniem efektów off-shellowych, które są bardzo interesujące dla fizyków małoletnich. Zamodelowaliśmy interakcje nukleon-jądro i alfa-jądro o skończonej randze oddzielnego nielokalnego potencjału, aby ułatwić konstruowanie zamkniętych od analitycznych wyrażeń dla obserwowanych obiektów fizycznych. Reprezentacje te dają akceptowalne wartości wszystkich obserwowalnych obiektów fizycznych związanych z rozpraszaniem nukleonów. Ponieważ interakcja jest rozdzielna, można łatwo rozwiązać równanie całkowe odpowiadające równaniu Schrödingera, ponieważ jądro tego równania całkowego pojawia się w formie rozdzielnej. Ta cecha sprawia, że rozdzielny model jest niezwykle przydatny w rozwiązywaniu problemów nuklearnych.

Tradycyjnie, niskoenergetyczne rozpraszanie nukleonów opisywane jest w kategoriach kilku stopni swobody, z których dominującą rolę odgrywa spin i symetria izospinowa. Przy średnich energiach, procesy produkcyjne i nieelastyczność stają się ważne, a kilka podstawowych systemów składających się z nukleonów i murów przyczynia się do rozproszenia. Duży zasięg oddziaływania nukleon-nukleon jest jednym z pionowych potencjałów wymiany. Niestety, jeden pionowy potencjał wymiany nie jest rozdzielny ani nawet nielokalny. Był to jeden z pierwszych zarzutów dotyczących wykorzystania nielokalnych potencjałów w obliczeniach jądrowych. Modele Graz są jednak w stanie wytworzyć akceptowalne dane dla elastycznego rozpraszania nukleonów nukleonowych i dobrze nadają się do wykorzystania w obliczeniach substancji niewielu ciał i materii jądrowej. Dla naładowanego systemu hadronowego należy dodać potencjał Coulomba / przesiewanego Coulomba do oddzielnego systemu. Podstawową trudnością w teoretycznym leczeniu takich systemów jest duży zasięg oddziaływania Coulomba. Wcześniej takie problemy były traktowane albo liczbowo, albo przez powoływanie się na przybliżenia. Sprawiliśmy, że potencjały elektromagnetyczne i elektromagnetyczne plus Graz są podatne na obróbkę analityczną i uzyskaliśmy wyrażenia w postaci zamkniętej dla wielkości poza skorupą. Przy wyprowadzaniu poza skorupę rozwiązań Josta i matryc przejściowych efekt elektromagnetyczny został rygorystycznie włączony. Skonstruowaliśmy wyrażenia analityczne dla off-shellowych rozwiązań Jost dla ruchu w Coulombic i Coulombie plus Graz potencjały rozdzielne i wykorzystaliśmy je do uzyskania macierzy przejścia off-shellowego dla wszystkich częściowych fal. Nasze derywacje do rozwiązań off-shell Jost składały się z następujących czterech metod: (i) poprzez wykorzystanie teorii zwykłych równań różniczkowych z rozsądnym wykorzystaniem warunków brzegowych (ii) oddziaływanie funkcji Greena i ich całek przekształca się wraz z niektórymi właściwościami wyższych funkcji transcendentalnych (iii) bezpośrednie zintegrowanie konkretnej całki niejednorodnego równania Schrödingera oraz (iv) poprzez sturmiczne przedstawienie funkcji państwa granicznego Coulomba Greena. Wszystkie powyższe derywacje zostały dokonane w podejściu do przestrzeni reprezentacji. Używając wyrażeń dla rozwiązań off-shell Jost skonstruowaliśmy wyrażenia dla macierzy przejścia off-shell w maksymalnie zredukowanej formie za pomocą dwóch różnych metod. Nasze wyniki odtwarzają charakterystyczną nieciągłość w skorupie energetycznej i tym samym zapewniają lepsze zrozumienie ilości

Coulomba poza skorupą dwóch ciał. Znaczenie badania off-shellowej macierzy *T polega na tym*, że elementy macierzy *T* są mierzalnymi wielkościami i jeżeli wszystkie są znane z danych doświadczalnych, można skonstruować potencjał interakcji. Te elementy poza skorupą są zazwyczaj otrzymywane z analizy reakcji p-p bremsstrahlung, (p, 2p), materii jądrowej, trzech ciał związanych i problemów z rozpraszaniem. Obliczanie reakcji bezpośredniej, takiej jak nieelastyczne rozpraszanie nukleonów przez jądra, wymaga zastosowania pozapowłokowego elementu T-matrycy oraz obliczenia energii wiązania materii jądrowej, jak również jąder skończonych. Przekrój poprzeczny fotodezintegracji deuteronu okazał się również wrażliwy na T-matrycę off-shellową.

Wyższe częściowe uogólnienie fal integralnych przekształceń funkcji Zielonych dla Hulthéna plus oddzielny nielokalny potencjał jest w naszej aktywnej uwadze i zostanie włączone do następnego wydania książki. Ponieważ efekt badania przesiewowego powinien nieodmiennie wpływać na teorię i interpretację danych dotyczących naładowanego rozpraszania hadronów [78,79], oczekuje się, że tego typu analiza będzie interesująca dla szerokiego grona fizyków. Nasz wynik można łatwo rozszerzyć o potencjały wyższej rangi i ograniczenie do symetrycznych kształtów nie jest przekonujące. W fizyce atomowej, molekularnej i plazmowej, atomowy potencjał Hulthéna został wykorzystany dość szeroko. Przeprowadzono kilka badań z zastosowaniem różnych technik przybliżania potencjału Hulthéna w warunkach atomowych [22,83,84]. Kończymy stwierdzeniem, że nasze dokładne wyrażenie dla rozwiązania Josta poza skorupą może służyć za wygodny punkt wyjścia do obliczeń fizycznych obserwowalnych dla trzech lub więcej układów cząstkowych w sferze mikroskopowej i ograniczenie do symetrycznych współczynników kształtu nie jest przekonujące.

Referencje

[1] M. L. Goldberger i K. M. Watson, *Collision Theory* (Wiley, Nowy Jork 1964).

[2] J. McEnnan, L. Kissel i R. H. Prati, Phys. Rev. A **13**, 532 (1976).

H. J. W. Müller-Kirsten, G. E. Hite i S. K. Bose, J. Math. Phys. **20**, 1878 (1979).

[4] M. Cl. Dumont-Lepage, N. Gani J. P. Gazeau i A. Ronveaux, J. Phys. A: Math.Gen. **13**, 1243 (1980).

H. Yukawa, Proc. Phys.-Matka. Soc. Japan **17**, 48 (1935).

L. Hulthén, *Ark. Mat. Astron. Fysik28A*, 5 (1942).

[7] E. Prugoveki i J. Zorbas, J. Math. Phys. 14, 1398 (1973); Nucl. Phys. A 213, 541(1973).

[8] J. R. Taylor, NuovoCimento B **23**, 313 (1974).

M. D. Semon i J. R. Taylor, J. Math. Phys. **17**, 1366 (1976).

D. M. Goodmanson i J. R. Taylor, J. Math. Phys. **21**, 2202 (1980).

[11] W. Gordon, Ann. Phys. (Leipzig) **2**, 1031 (1929).

[12] J. R. Taylor, *Scattering Theory* (Wiley, Nowy Jork, 1972).

L. Hulthén, Ark. Mat. Astron. Fys. **29B**, 1 (1942).

[14] C. Eckart, Phys. Rev. **28**, 711 (1926); **35**, 1303 (1930).

[15] T. Tietz, J. Chem. Phys. **35**, 1917 (1961).

[16] K. Szalcwicz i H. J. Mokhorst, J. Chem. Phys. **75**, 5785 (1981).

[17] G. Malli i J. Oreg, Chem. Fizycznie. Lett. **69**, 313 (1980).

[18] J. Lindhard i P. G. Hansen, Phys Rev. Lett. **57**, 965 (1986).

I. S. Bitensky, V. K. Ferleger i I. A. Wojciechowski, Nucl. Instrum. Methods Phys. Res. Sekta. B **125**, 201 (1997).

C. S. Jia, J. Y. Wang, S. He i L. T. Sun, J. Phys. A: Matematyka. Gen. **33**, 6993 (2000).

[21] P. Pyykko i J. Jokisaari, Chem. Phys. **10**, 293 (1975).

J. A. Olson i D. A. Micha, J. Chem. Phys. 68, 4352 (1978).

[23] D. Durand i L. Durand, Phys. Rev. D **23**, 1092 (1981).

[24] R. L. Hall, Phys. Rev. A. **32**, 14 (1985).

U. Laha, C. Bhattacharyya, K. Roy i B. Talukdar, Phys. Rev. C **38**, 558 (1988).

[26] J. Bhoi i U, Laha, J Phys. G: Nucl. Phys. **40**, 045107 (2013).

[27] U. Laha i J. Bhoi, Pramana J. Phys. **84**, 555 (2015).

[28] J. Bhoi i U. Laha, Braz. J. Phys. **46**, 129 (2016).

[29] U. Laha i J. Bhoi, Phys. Rev. C **91**, 034614 (2015).

[30] J. Bhoi i U. Laha, Phys. At. Nucl. **79**, 62 (2016).

[31] J. Bhoi i U. Laha, Theor. Matematyka. Phys. **190**, 69 (2017).

[32] Y. P. Varshni, Phys. Rev. A **41**, 4682 (1990).

[33] B. Gonül, O. Özer, Y. Cancelik i M. Kocak, Phys. Lett. A **275**, 238 (2000).

[34] A. Z. Tang i F. T. Chen, Phys. Rev. A **35**, 911 (1987).

C. S. Jia, J. Y. Liu i P. Q. Wang, Phys. Lett. A **372**, 4779 (2008).

[36] W. C. Qiang, W. L. Chen, K. Li i H. P. Zhang, Int. J. Mod. Phys. A 24, 5523 (2009).

[37] L. G. Arnold i A. D. MacKellar, Phys. Rev. C **3**, 1095 (1971).

U. Laha i J. Bhoi, Theor. Matematyka. Phys. **190**, 69 (2017).

[39] J. M. J. van Leeuwen i A. S. Reiner, Physica **27**, 99 (1961).

O. P. Bahethi i M. G. Fuda, J. Math. Phys. **12**, 2076 (1971).

[41] H. van Haeringen. Phys. Rev. A **18**, 56 (1978).

[42] Y. Yamaguchi, *Phys. Rev.* **95**, 1628 (1954).

[43] R. G. Newton, *Scattering Theory of Waves and Particles* (Mc-Graw-Hill, Nowy Jork, 1982).

[44] A. W. Babister, *Transcendentalne Funkcje Zadowolenie nie-jednorodne liniowe równania różniczkowe* (MacMillan, Nowe York, 1967).

L. J. Slater, *Generalized Hypergeometric Functions* Cambridge [45]

University Press, Londyn, 1966).

A. Erdeyli, *Higher Transcendental Functions* (Mc-Graw-Hill, Nowy Jork, 1953), Tom 1.

[47] H. van Haeringen, *Charged Particle Interactios- Theory and Formuły* (TheCoulomb Press, Leyden, 1985).

U. Laha, C. Bhattacharyya, K. Roy i B. Talukdar, *Phys. Rev. C38*, 558 (1988).

[49] W. N. Balley, *Generalised Hypergeometric Series* (Cambridge University Press, Londyn, 1935).

[50]U. Laha, S. Ray, S. Panda i J. Bhoi, Theor. Matematyka. Phys. **193,** 1498 (2017).

[51] C. S. Warke i R. K. Bhaduri, *Nucl. Phys. A162*, 289 (1971).

[52] B. Talukdar, U. Laha i T. Sasakawa, *J. Math. Fizycznie.* **27,** 2080 (1986);

U. Laha, B. J. Roy i B. Talukdar, *J. Phys. A: Matematyka. Gen.* **22**, 3597 (1989).

B. Talukdar, U. Laha i S. R. Bhattaru, *J. Phys. A: Matematyka. Gen.* **18**, L359 (1985).

[59] U. Laha i J. Bhoi, *J. Math. Phys.* **54**, 013514 (2013).

[60] U. Laha i J. Bhoi, *Phys. Rev. C88*, 064001 (2013).

[61] D. K. Ghosh, S. Saha, K. Niyogi i B. Talukdar, *Czech. J. Phys. B33*, 528(1983).

[62] J. Bhoi i U. Laha, *Int. J. Appl. Phys. & Math.* **4**, 386 (2014).

[63] Y. L. Luke, *The Special Functions and their approximations* (Akademicki, Nowy Jork, 1969) Tom I i II.

[64] U. Laha i J. Bhoi, *Phys. Rev. C91*, 034614 (2015).

[65] J. Bhoi i U. Laha, *Phys. Atomic Nucl.* **79**, 370 (2016).

[66] P. Mohr, *Phys. Rev. C79*, 065804 (2009).

[67] J. Dohet-Eraly i D. Baye, *Phys. Rev. C* 84, 014604 (2011).

[68] G. R. Satchler, L. W. Owen, A. J. Elwin, G. L. Morgan i R. L. Walter, *Nucl.Phys.* **A112**, 1 (1968).

[69] R. J. Spiger i T. A. Tombrello, *Phys. Rev.* **163**, 964 (1967).

[70] Y. Li Xu, H. RuiGuo, Y. Lu Han i Q. Biao Shen, *Int. J. Mod. Phys. E24*,1550005 (2015).

[71] G. L. Morgan i R. L. Walter, *Phys. Rev.* **168**, 1114 (1968).

W. R. Boykin, S. D. Baker i D. M. Hardy, *Nucl. Phys.* **A195**,

241 (1972).

D. M. Hardy, R. J. Spiger, S. D. Baker, Y. S. Chen i T. A. Tombrello, *Nucl. Phys.* **A195**, 250 (1972).

H. van Haeringen, *J. Math. Phys.* **24**, 1274 (1983).

[75] B. Talukdar, D. K. Ghosh i T. Sasakawa, *J. Math. Fizycznie.* **25**, 323 (1984).

[76] U. Laha, A. K. Jana i T. K. Nandi, *Pramana J. Phys.* **37**, 387 (1991).

[77] C. V. Sukumar, *J. Phys. A: Matematyka. Gen.* **18**, L57 (1985).

[78] J. Lindhard i A. Winther, *Nucl. Phys.* **A166**, 413 (1971).

[79] W. D. Kraeft, M. Luft i A. A. Mihajlov, *Physica* **A120**, 263 (1983).

E. D. Filho, Mod. Fizycznie. Lett. A **10**, 1613 (1995).

[81] W. G. Fang, C. W. Li, W. H. Ying i L. Y. Yuan, Chińczycy Phys. B **18**, 3663(2009).

[82] J. Bhoi i U. Laha, Pramana J z Phys., 88: 42 (2017).

[83] H. J. Korsch i R. Möhlenkamp, J. Phys. B: Atom. Molec. Phys. **17**, 3451 (1977).

L. H. Beard i D. A. Micha, Chem. Fizycznie. Lett. 53, 329 (1973).

ZaPRcznik I

Uzyskanie równania (7.1.24) poprzez bezpoU redniU integracjU

Funkcję Greena w równaniu (7.1.19) można wyrazić w kategoriach zwykłej funkcji Greena jako

$$
\begin{aligned}
G_H^{(+)}(r,r') = G_H^{(R)}(r,r') - \frac{\Gamma(A+1)\,\Gamma(B+1)}{\Gamma(C)}\, a\, e^{ik(r+r')} \left(1-e^{-r/a}\right) \times \\
{}_2F_1\left(A+1, B+1; 2; 1-e^{-r/a}\right) {}_2F_1\left(A, B; C;\, e^{-r'/a}\right)
\end{aligned}
\qquad \text{(I.1)}
$$

gdzie regularna funkcja Hulthéna Greena

$$
\begin{aligned}
G_H^{(R)}(r,r') = \frac{\Gamma(A+1)\,\Gamma(B+1)}{\Gamma(C)}\, a\, e^{ik(r+r')} \Big[\left(1-e^{-r/a}\right) {}_2F_1\left(A+1, B+1; 2; 1-e^{-r/a}\right) \times \\
{}_2F_1\left(A, B; C;\, e^{-r'/a}\right) - \left(1-e^{-r'/a}\right) {}_2F_1\left(A+1, B+1; 2; 1-e^{-r'/a}\right) \times \\
{}_2F_1\left(A, B; C;\, e^{-r/a}\right)\Big]
\end{aligned}
\quad .
$$

(I.2)

Przekształcanie ${}_2F_1\left(A, B; C;\, e^{-r/a}\right)$ w równaniu (I.2) przez relację powtarzalności

$$
\begin{aligned}
{}_2F_1(a,b;c;\, z) = \frac{\Gamma(c)\,\Gamma(c-a-b)}{\Gamma(c-a)\Gamma(c-b)}\, {}_2F_1(a,b; a+b-c+1;\, 1-z) + (1-z)^{c-a-b} \times \\
\frac{\Gamma(c)\,\Gamma(a+b-c)}{\Gamma(a)\Gamma(b)}\, {}_2F_1(c-a, c-b; c-a-b+1;\, 1-z)
\end{aligned}
$$

(I.3)

dostajemy

$$
\begin{aligned}
G_H^{(R)}(r,r') = \lim_{\varepsilon\to 0} a e^{ik(r+r')} \Big[\left(1-e^{-r/a}\right) {}_2F_1\left(A+1, B+1; 2; 1-e^{-r/a}\right) \times \\
{}_2F_1\left(A, B; \varepsilon;\, 1-e^{-r'/a}\right) - \left(1-e^{-r'/a}\right) {}_2F_1\left(A+1, B+1; 2; 1-e^{-r'/a}\right) \times \\
{}_2F_1\left(A, B; \varepsilon;\, 1-e^{-r/a}\right)\Big]
\end{aligned}
\quad . \qquad \text{(I.4)}
$$

Połączenie równań (7.1.6), (I.1) i (I.4) prowadzi do

$$G_H^{(+)}(\beta,r)=I_1(\beta,r)-I_2(\beta,r) \qquad \text{(I.5)}$$

z

$$I_1(\beta,r)=\int_0^r G_H^{(R)}(r,r')e^{-\beta r}dr' \qquad \text{(I.6)}$$

oraz

$$I_2(\beta,r)=a\,e^{ikr}(1-e^{-r/a})\frac{\Gamma(A+1)\Gamma(B+1)}{\Gamma(C)}\,{}_2F_1\left(A+1,B+1;2;1-e^{-r/a}\right)$$
$$\int_0^\infty dr'\,e^{-(\beta-ik)r'}\,{}_2F_1\left(A,B;C;e^{-r'/a}\right) \qquad \text{(I.7)}$$

Wykorzystując transformację $z=e^{-r'/a}$ i oceniając wartość całki obecnej w wyrażeniu dla $I_2(\beta,r)$, otrzymujemy

$$I_2(\beta,r)=a\,e^{ikr}(1-e^{-r/a})\frac{\Gamma(A+1)\Gamma(B+1)}{(\beta-ik)\Gamma(C)}\,{}_2F_1\left(A+1,B+1;2;1-e^{-r/a}\right)$$
$${}_3F_2\left(A,B,(\beta-ik)a;c;(\beta-ik)a+1;1\right). \qquad \text{(I.8)}$$

Zastąpienie równoważnika (I.4) w równaniu (I.6), przekształcenie zmiennej niezależnej $z'=\left(1-e^{-r'/a}\right)$ wraz z rozszerzeniem serii o wartość z' as

$$(1-z')^{(\beta+ik)a-1}=\sum_{n=0}^{\infty}\frac{\Gamma(n+1-(\beta+ik)a)}{\Gamma(1-(\beta+ik)a)}\frac{z'^n}{n!} \qquad \text{(I.9)}$$

Eq. (A6) prowadzi do

$$I_1(\beta,r)=a^2\,e^{ikr}(1-e^{-r/a})\sum_{n=0}^{\infty}\frac{\Gamma(n+1-(\beta+ik)a)}{\Gamma(1-(\beta+ik)a)\,n!}\,f_{n+1}\left(A+1,B+1;2;1-e^{r/a}\right).$$

$$\text{(I.10)}$$

Do wyprowadzenia powyższego wyrażenia użyliśmy następującej standardowej całki

$$f_\sigma(a,b;c;z) = \frac{1}{(c-1)}\Big[{}_2F_1(a,b;c;z)\int_0^z dz'\, z'^{\sigma-1}(1-z')^{a+b-c}\, {}_2F_1(a-c+1,b-c+1;2-c;z') - z^{1-c}\,{}_2F_1(a-c+1,b-c+1;2-c;z)\int_0^z dz'\, z'^{\sigma+c-2}(1-z')^{a+b-c}\,{}_2F_1(a,b;c;z') \qquad (I.11)$$

Kombinacja równań (I.8) i (I.10) w połączeniu z równaniami (I.5) daje pożądane wyrażenie dla $G_H^{(+)}(\beta,r)$.

PRZEDMIOT INDEXU

A

Interakcja dodatnia- 2

Warunki asymptotyczne - 19

Stany asymptotyczne - 6

B

Stan graniczny - 52

Funkcja Bessela - 56, 97

Urodzony w przybliżeniu - 92

C

Konfluentne równanie hipergeometryczne - 41, 57

Konfluentne funkcje hipergeometryczne - 37, 38, 63

Integralna reprezentacja-37, 38

Relacja zwrotna-47

Państwo związane z Coulombem62

Coulomb bound state energy eigen function-62

Coulomb Green's function-53, 54, 73

Nieregularny-54

Fala fizyczna/wyjściowa-56, 59

Regular-53, 73

Coulomb Jost funkcja-51, 53

Off-shell

Na skorupce-51, 53

Coulomb Jost roztwór-51, 52, 54,

55

Poza skorupą-51, 52, 55

Na skorupce-54

Funkcja Coulomb off-shell wave-

52, 54, 55, 60, 61

Nieregularne-52, 54, 55, 61

Fala fizyczna/wyjściowa-56,

60

Funkcja Coulomb on-shell wave-54, 82

Nieregularny-54

Fala fizyczna/wyjściowa-82

Regular-54

Potencjał Coulomba-2, 4

Coulombowski potencjał-68

Funkcja Coulomb-separable on-shell wave-82,

Coulomb T-matrix-93, 95, 98, 100

Pół na pół - 100

Poza skorupą-93, 95, 98

Coulombowskie stany asymptotyczne-6

D

Równanie różniczkowe-21, 28, 41, 51, 56, 57, 68, 79, 97, 116, 122

Konfluent hipergeometryczny-41, 57

Gaussian hypergeometric-116, 122

Coulomb Green's function-57

Coulombowski potencjał-79

Funkcja Green'a -21

Off-shell Jost roztwór-28, 51, 68

Roztwór fizyczny poza skorupą-56, 97

Podejście oparte na równaniach różniczkowych-27, 51, 68

Nieciągłość (w skorupie)-5, 7, 10, 23, 51, 65, 75, 77

Transformacja podwójna Laplace-118, 119

E

Eckart-6

Funkcja własna energii (Coulomb)-62

F

Równania Faddeev'a-4, 92

Form factor-69,

Determinant Fredholm-32, 38, 43, 72, 76, 83, 119, 120

Coulomb-separable (Graz)-72, 83

Coulomb plus Yamaguchi-76

Graz-32, 43

Hulthén-Yamaguchi-(nieregularny)-119, 120

Yamaguchi (nieregularny)-38

Wolna cząstka Green'a funkcja-33, 46, 47

G

Gell-Mann-Goldberger theorem-2

Graz-9, 28, 30

Funkcja Green-21

Funkcja Greena (wolna cząstka)-33, 46, 47

Operator Green'a-62

Funkcja Green'a (nieprawidłowa)-21, 34, 46, 54, 85, 124

Coulomb-54, 85

Coulomb-Graz-85

Graz-46

Hulthén-124

Funkcja zielonego (fala fizyczna/wyjściowa)-40, 42, 58, 59, 82, 114, 117, 125, 126

Coulomb-58, 59

Coulomb-Graz-82

Graz-40, 42

Hulthén-114, 117, 125, 126

Hulthén-Yamaguchi-114

Funkcja Green'a (Interacting)-40, 56, 62, 79, 82, 88

Funkcja Greena (nieregularna)- 21, 34, 46, 85

Funkcja Green'a (Regular)-33, 53, 73

H

Hadrony rozpraszające-2

Półpowłoka T-matrix-5, 8, 45, 128

Coulomb-5

Coulomb-Graz-5

Graz-45

Hulthén-128

Funkcja Hankela-20, 28, 56, 87

Riccati-20, 28, 40, 56

Sferyczny - 28

Hulthén-6, 8, 10, 111, 112

Hulthén-Graz-8

Funkcja Hulthén-117,127, 124

Nieregularny-117

Physical-117, 127

Regular-124

Hulthén-Yamaguchi-113

Równanie hipergeometryczne (Confluent)-37, 38, 41, 47, 54, 57

Integralna reprezentacja-37, 38

Rozwiązanie nieregularne i regularne-47, 54

Równanie niejednorodne-41, 57

Równanie hipergeometryczne (Gaussian)-116, 122

Funkcja hipergeometryczna (Gaussian)-31, 116

Integralna reprezentacja-31

Relacja nawrotna-31

I

Niejednorodne równanie różniczkowe-56, 79

Coulomb Green's function-56

Funkcja Coulomb'a rozdzielna Green-79

Integralne reprezentacje funkcji Josta-18, 21, 23

Poza skorupą - 18, 21

Na skorupce 18, 23

Przekształcenie całkowite (nieregularne)-45, 46, 60

Funkcja Coulomb Green'a - 60

Graz-45, 46

Transformacja całkowa (Fala wychodząca)-40, 56, 59, 64, 80, 84

Coulomb green's function-56, 59, 64, 80

Coulomb-Graz-84

Równanie całkująco-różniczkowe-40, 79

Coulomb plus Graz-79

Graz-40

Funkcja Interacting Green-40, 56, 62, 79, 82, 88

Irregular Green's function-21, 34, 46, 85

Rozwiązania nieregularne (Coulomb)-54

Nieregularne rozwiązania równania Schrödingera-19

J

Funkcja Jost/irregularna-6

Jost/Irregularna funkcja (off-shell)-7, 18, 22, 70, 76, 123

Coulomb-70

Coulomb-Graz-70

Coulomb-Yamaguchi-76

Hulthén-123

Integralna reprezentacja-22

Funkcja Jost/irregularna (On-shell)-7, 18, 23, 54

Coulomb-54

Integralna reprezentacja-23

Jost/irregularny roztwór (off-shell)-6, 7, 18, 20, 28, 51, 68, 76, 86, 121, 125

Normalizacja asymptotyczna-19

Coulomb-7, 51

Coulomb-Graz-28, 34, 36, 68,

86

Coulomb-Yamaguchi-37, 76

Hulthén-121, 125

Jost/irregularne rozwiązanie (na skorupce)-6, 7, 18, 54, 60, 61, 82

Coulomb-54

Coulomb-Graz-82

L

Wielomian Laguerre-63

Laplace transform-115, 118, 119, 135

Lippmann-schwinger równanie-87

N

n-p przesunięcie fazowe-39, 132, 133

Niejednorodne, zbieżne, hipergeometryczne równanie-41, 57

n-p system-26

Nielokalny potencjał/interakcja

O

Funkcja off-shell Jost/irregular 7, 18, 22, 70, 76, 123

Coulomb-70

Coulomb-Yamaguchi-76

Coulomb-Graz-70

Hulthén-123

Integralna reprezentacja-22

Funkcja Jost/irregularna na skorupce-7, 18, 23, 54

Coulomb-54

Integralna reprezentacja-23

Poza skorupą Jost/rozwiązanie nieregularne-28, 33, 34, 36, 42, 51, 68, 86, 121, 123, 125

Coulomb-51

Coulomb Graz-28, 34, 36, 68,

86

Graz-33, 42

Hulthén-121, 123, 125

W skorupce Jost/rozwiązanie nieregularne-6, 7, 18, 60, 61, 82

Coulomb-60, 61

Coulomb-Graz-82

Roztwór fizyczny poza skorupą - 45, 60, 85, 97

Coulomb-60

Coulomb-Graz-85, 97

Graz-45

Roztwór fizyczny w skorupce-82

Coulomb-82

Coulomb-Graz-82

Hulthén-127

Matryca T poza skorupą - 4, 45, 93, 95, 100, 102, 103, 104, 106

Coulomb-100

Coulomb-Yamaguchi-102

Graz-45

Coulomb-Graz-93, 95

Yamaguchi-102, 103, 104, 106

Na skorupce T matryca-5, 101

Coulomb-101

Coulomb-Graz-101

P

Przesunięcie fazowe (rozpraszanie)-39, 132, 133

Fizyczny stan graniczny

Roztwór fizyczny-45, 60, 82, 85, 97,127

Coulomb-60, 82

Coulomb-Graz-85, 97

Hulthén-127

Proton-proton-5, 8, 26, 45, 102, 128

Półpowłoka T matryca-5, 8, 45, 128

Rozpraszanie poza skorupą - 102

R

Regular Green's function-33, 53, 73

Coulomb-53, 73

Regularne rozwiązanie-54

Coulomb-54

Riccati Bessel funkcja-56, 97

Riccati Hankel funkcja 20, 28, 40, 56, 62, 87

S

Rozproszenie -2, 3, 26

Coulomb-2

Coulomb zniekształcony-2

p-p-2, 3, 26

n-p-3, 26

Rozproszone przesunięcie fazowe-39, 132, 133

Równanie Schrödingera-19, 22

Nieregularne rozwiązanie-19

Regularne rozwiązanie-22

Przesiewany potencjał kulombowy-6, 8, 111, 129

Oddzielny potencjał/działanie-2, 3, 26, 28

Osobliwość-101

Sferyczna funkcja Hankla-28

Przedstawicielstwo Sturmiana-61, 62, 87

Sturm states-62

T

T(przejście)-matryca-4, 5, 8, 45, 93, 95, 100, 102, 128

Half-off-shell-5, 8, 45, 128

Coulomb-5

Coulomb-Graz-5

Coulomb-Yamaguchi

Graz-45

Hulthén-128

4, 45, 93, 95, 100,

102. 103, 104, 106

Coulomb-100

Coulomb-Graz-93, 95

Coulomb-Yamaguchi- 102, 103, 104, 106

Graz-45

On-shell-5, 101

Coulomb-101

Coulomb-Graz-101

Osobliwość-101

Transponowane odniesienie do operatora - 19, 21

Wzór na dwa potencjały/terem-2

V

Van Leeuwen-Reiner równanie-112

Y

Yamaguchi potential-76, 101

Yamaguchi T-matrix (off-shell)-102, 106

Printed by Books on Demand GmbH, Norderstedt / Germany